情绪管理指南

孙一颖 童捷 杨屹 主编

中国出版集团有限公司

世界图书出版公司

上海 西安 北京 广州

上海市浦东新区公共精神卫生特色学科建设
（PWYgts2021-01）

上海市浦东新区科技发展基金事业单位民生科研专项课题
（PKJ2021-Y78）

上海市浦东新区卫生健康委员会临床精神病学重点学科
（PWZxk2022-18）

上海市浦东新区卫生健康委员会科普项目
（PWKP2021B-18）

本书编委会

名誉主编：孙喜蓉　王　玲
主　　编：孙一颖　童　捷　杨　屹
副主编：张　洁　江　涛　赵丽萍
编委名单：（按姓氏音序排序）
　　　　　　陈燕华　樊希望　冯　莹　葛　艳　胡满基
　　　　　　黄碧华　李　欣　李　琰　李哲胤　陶凤芝
　　　　　　俞　玮　袁　杰　张婷婷　周　进

图书在版编目（CIP）数据

情绪管理指南 / 孙一颖，童捷，杨屹主编. -- 上海:
上海世界图书出版公司, 2023.9
　ISBN 978-7-5232-0550-1

　Ⅰ. ①情... Ⅱ. ①孙... ②童... ③杨... Ⅲ. ①情绪-
自我控制-指南 Ⅳ. ①B842.6-62

中国国家版本馆CIP数据核字(2023)第129110号

书　　名	情绪管理指南
	Qingxu Guanli Zhinan
主　　编	孙一颖　童　捷　杨　屹
责任编辑	魏丽沪
装帧设计	耿丽丽
出版发行	上海世界图书出版公司
地　　址	上海市广中路88号9-10楼
邮　　编	200083
网　　址	http://www.wpcsh.com
经　　销	新华书店
印　　刷	杭州日东印务有限公司
开　　本	890mm×1240mm　1/32
印　　张	6
字　　数	133 千字
版　　次	2023年9月第1版　2023年9月第1次印刷
书　　号	ISBN 978-7-5232-0550-1/B·15
定　　价	68.00元

版权所有　翻印必究

如发现印装质量问题，请与印刷厂联系
（质检科电话：0571-81952665）

序一 PREFACE 01

习近平总书记在全国卫生与健康大会上明确指出，应加大心理健康问题基础性研究，做好心理健康知识和心理疾病科普工作，规范发展心理治疗、心理咨询等心理健康服务。国务院印发的《中华人民共和国国民经济和社会发展第十四个五年规划和2035年远景目标纲要》《"健康中国2030"规划纲要》都对心理健康服务提出了明确要求：加强心理健康服务体系建设，提升科普宣传力度，加大相关专业培训力度。国家卫生计生委、中宣部等22部门联合印发《关于加强心理健康服务的指导意见》指出，应充分认识心理健康服务的重要意义、总体要求，大力发展各类心理健康服务，加强重点人群心理健康服务、建立健全服务体系。

情绪是人的重要心理现象，与我们的心理健康有着密切的关系，积极的情绪对心理健康有益，消极情绪则会影响身心健康。长期不愉快、恐惧、失望的话，会严重影响我们的学习、工作、睡眠，也会对我们的人际交往和家庭关系产生影响，严重者甚至还会出现心理疾病。随着时代的进步，人们逐渐开始接纳自己的心理起伏，开始主动寻求高层次的专业的心理服务，帮助自己快速适应社会变化的节奏。如何准确、高效地获取心理科普知识，了解行之有效的情绪管理技巧，可能是人们关注的焦点之一，也是我们撰写《情绪管理指南》的真正目的所在。

在此，特别感谢上海市浦东新区卫健委公共精神卫生特色学科建设、上海市浦东新区科技发展基金事业单位民生科研专项课题、上海市浦东新区卫健委临床精神病学重点学科、上海市浦东新区卫生健康卫生会科普项目的大力支持；感谢上海市浦东新区医学会精神医学专业委员会、上海市医学会精神医学专科分会、上海市医学会行为医学专科分会、上海市女医师协会医学科普专委会、上海市医院协会精神卫生中心管理专委会、中国女医师协会心身医学与临床心理学专委会的指导；感谢上海市浦东新区精神卫生中心、同济大学附属精神卫生中心所有编委们的辛勤付出。同时，向关注并携手致力于医学科普事业发展的世界图书出版上海有限公司表示衷心的感谢！

上海市浦东新区精神卫生中心
同济大学附属精神卫生中心
副院长 主任医师
上海市浦东新区医学会精神医学专业委员会主任委员
2023 年 4 月

序二 PREFACE 02

心理健康是人类生命中的重要组成部分，它与人的身体健康同等重要。随着社会的发展，人们越来越重视心理健康，并将其视为健康的重要组成部分。然而，由于缺乏心理健康知识和技能，很多人往往无法正确应对生活中的心理压力和挫折，导致心理健康问题的产生。为此，本书旨在通过科普的方式，向读者普及心理健康知识和技能，帮助大家更好地管理自己的心理健康，提高生活质量和幸福感。

本书共分为三个部分。第一部分介绍了心理健康的基本概念和重要性，包括心理健康的定义、心理健康与身体健康的关系、心理健康问题的危害以及心理健康的保护和促进等内容。通过本部分的学习，读者可以了解心理健康的重要性和保护方法，为后续学习打下基础。

第二部分介绍了常见的心理健康问题及其应对方法，包括失眠、抑郁、焦虑、恐惧、强迫症、心理创伤等常见心理健康问题的症状、原因和治疗方法。通过本部分的学习，读者可以了解常见心理健康问题的特点和应对方法，帮助自己更好地应对生活中的压力和挫折，减少心理健康问题的发生。

第三部分介绍了心理健康的日常管理技巧和方法，包括心理健康的日常管理方法、心理放松技巧、心理调节技巧、心理急救技能等内容。通过本部分的学习，读者可以了解心理健康的日常管理技巧和方法，帮助自己更好地管理自己的心理健康，提高生活质量和幸福感。

　　本书的编者均是同济大学附属精神卫生中心·浦东新区精神卫生中心的医务人员，每一篇文章都来自编者几十年的临床工作经验。本书期望通过这种大众传播方式来有效提高全民心理健康素养水平，让人们能初窥心理健康基础知识，了解常见的心理症状和心理疾病的临床表现，从而在症状初起时期能够有效地自我干预或寻求专业帮助，达到上医治未病的目的。

　　本书旨在为读者提供实用的心理健康知识和技能，帮助大家更好地管理自己的心理健康，提高生活质量和幸福感。本书适合广大读者阅读，特别适合有心理健康问题、有心理压力和挫折的人群阅读。同时，本书也适合心理健康工作者、教师、医护人员等专业人士参考使用，帮助他们更好地开展心理健康教育和心理治疗工作。我们希望本书的出版，能够为全社会的心理健康事业做出贡献，让更多的人享受到心理健康的福祉。

王　玲

上海市浦东新区精神卫生中心
同济大学附属精神卫生中心
护理部副主任　主任护师
2023年4月

前言一 FOREWORD 01

新型冠状病毒肺炎（COVID-19）疫情是典型的突发卫生公共事件，具有很强的不确定性和突发性，它带来的不仅是物质层面、经济层面的破坏，还会在个体和群体中造成心理层面的伤害，会通过人们的"社会记忆"不断再现，从而持久地影响人们的正常生活。

近 3 年来，受新冠疫情影响，封闭的生活形式，使得人们工作与生活的边界感逐渐消失；与自己的家人亲朋只能通过网络进行线上远程连接，使人们的人际支持网络被弱化；在长期宅居生活、空间受限的情况下，个体对时间的感知变得较为模糊，昼伏夜出则影响到人们的作息规律。由于日常生活、工作节奏的改变和社会环境的变化，人们的负面情绪和内在压力不断积累，有些人在慢性压力和急性危机的双重刺激下，情绪管理能力减弱，严重者则导致原来本身就有的精神疾病逐日加重。

后疫情时代的心理问题较为隐蔽，不易被发现和察觉。有些患者虽然出现焦虑、抑郁、烦躁等症状，内心倍受煎熬，但其碍于面子不会主动寻求帮助。也有些患者本人对心理问题的危害性认识不足，让负面情绪不断积累，心理疾病悄无声息地到来，将引起严重后果。

本书通过一篇篇深入浅出的文章，阐述了心理疾病、心理评估、心理康复、心理预防、社区心理防治等科普知识，旨在通过这种途径提高读者的心理健康素养，来抵御新型冠状病毒肺炎疫情及后疫情时代对于人们心理健康的影响，以期实现全国卫生与健康大会所提出的："每个人都是自己健康的第一责任人。"

  本书每一篇科普文章都是精神和心理工作者几十年的智慧结晶，感谢同济大学附属精神卫生中心·浦东新区精神卫生中心、上海市浦东新区疾病预防控制精神卫生分中心、浦东新区社区卫生服务中心的各位同仁的辛苦付出。感谢浦东新区公共精神卫生特色学科建设（PWYgts2021-01）和浦东新区科技发展基金事业单位民生科研专项课题（PKJ2021-Y78）的大力支持。我衷心地希望读者阅读本书可以获得精神卫生和心理健康知识，从而拥有健康、积极的心理和美好、幸福的生活。

孙一颖

上海市浦东新区精神卫生中心

同济大学附属精神卫生中心

公共精神卫生科 副科长（心理健康促进）

2023年4月

前言二 FOREWORD 02

英国著名哲学家、社会学家、教育家，被誉为"社会达尔文主义之父"的赫伯特·斯宾塞曾说过："良好的健康状况和由之而来的愉快的情绪是幸福的最好资本。"世界卫生组织也曾指出："健康不仅是没有病和不虚弱，而且是身体、心理、社会三方面的完满状态。"也就是说，良好的健康情绪体现在日常生活与工作之中，每个人要想身体健康，必须保持健康的情绪。情绪失控，或者对别人发无名之火，最后必然自食其果。

关于情绪与健康的关系，中国传统中医早有论断。中医认为，人有七情，即喜、怒、忧、思、悲、恐、惊七种情绪。如果情绪过于激烈，就会影响脏腑气血功能，导致全身气血紊乱而引发疾病。并且，不同的情绪会给身体带来不同的影响。在中医经典著作《黄帝内经》里有记载，"怒则气上，喜则气缓，悲则气消，恐则气下，惊则气乱，思则气结"，以及"怒伤肝、喜伤心、思伤脾、忧伤肺、恐伤肾"等。

国务院印发的《"健康中国2030"规纲划要》明确提出，将促进心理健康作为我国卫生体制改革的重要内容，全面推进心理健康服务体系建设，提升全民心理健康素养。特别在经历了新型冠状病毒肺炎疫情之类公共卫生事件之后，人们逐渐对情绪管理和心理健康有了全新的认知，开始意识到全民心理免疫对于共克时艰的决定作用。在这种时代背景下，我们希望将专业的心理学知识和情绪管理方法，用浅显易懂的文字作为科普媒介，为广大读者带来一本内容丰富、实用性强的心理科普读本。

本书从专业心理医生、心理治疗师、心理咨询师、心理专科护师、社会工作者的视角，详细阐述如何早期识别负性情绪、正确理解积极心理学、青少年情绪依赖等问题，并在文末特设简易情绪自测评估工具。本书特色之处是，能让不同年龄阶段、不同文化背景的读者都可从本书中了解个体的情绪变化，接纳自己的内心世界，理解如何进行压力调适，懂得在高速发展的社会中如何保持心身健康，享受人生。历经一年的时间，《情绪管理指南》终于与广大读者见面，在此特别要感谢上海市浦东新区精神卫生中心、同济大学附属精神卫生中心的领导大力支持、感谢所有编委们认真细致的编撰工作，感谢世界图书出版上海有限公司所有编辑的帮助，我衷心期许本书能让我们的正性情绪常驻，让我们对人生时刻怀揣着一颗热情和快乐的心。

童捷

上海市浦东新区精神卫生中心
同济大学附属精神卫生中心
中西医结合失眠诊疗中心主任
2023 年 4 月

前言三 FOREWORD 03

《健康中国行动（2019—2030年）》指出：心理健康是人在成长和发展过程中，认知合理、情绪稳定、行为适当、人际和谐、适应变化的一种完好状态，是健康的重要组成部分。到2030年，居民心理健康素养水平提升到30%。

《健康上海行动（2019—2030年）》强调：广泛开展心理健康科普宣传，针对失眠、抑郁和焦虑等常见心理障碍，对青少年、职业人群、老年人、妇女等重点人群普及实用有效的心理健康知识和心理急救技能，促进市民心理和行为问题的早期识别、干预和康复。

《上海市精神卫生体系建设发展规划（2020—2030）》要求：积极开展心理健康教育和健康促进，加强心理相关疾病预防、治疗、护理、康复等核心知识及相关法律法规的宣传教育，引导公众正确认识和应对心理行为问题和精神障碍，倡导"每个人是自己心理健康第一责任人"理念，引导形成"社会共同参与、个人自主管理"氛围。

现代化的生活方式带动了社会的进步，习惯"卷"的人们致力于提升自我能力，这也导致焦虑和抑郁成为生活的常态。"我焦虑了""我抑郁"等成了人们自我调侃的口头禅。殊不知这些心理症状和心理疾病正悄无声息地在人群中产生。特别是三年的新冠疫情后，人们的生活虽然在逐步恢复，但是有些心理问题却无法因此解决，有人性格改变，有人情感改变，有人行为改变，还有人出现各种精神症状。

心理健康教育是一场春风化雨的过程，可以促使人们拥有健康的身心、积极乐观的生活态度和健康生活的方式，从而提升全民心理健康素养，培育良好社会心态，提升人们的幸福感。

上海市浦东新区精神卫生中心

同济大学附属精神卫生中心

公共精神卫生科科长

2023 年 4 月

目录 CONTENTS

从历史视角看精神障碍的预防 / 1

如何识别和控制负性情绪 / 9

如何理解社区精神卫生服务 / 17

读懂积极心理学，享受美好人生 / 24

做合格的家长，培养"自己家"的孩子 / 33

严重精神障碍患者的社区随访服务 / 39

儿童青少年拒绝上学背后的心理因素和干预 / 45

依恋：理解家庭互动的钥匙 / 53

社会支持对于心理健康的重要意义 / 63

我 Emo 了，是得抑郁症了吗 / 71

老年期认知功能下降就是痴呆吗 / 82

带你了解产后抑郁 / 91

记得随时带上自己的阳光 / 102

抑郁症的个体化治疗方法 / 113

我真的焦虑了吗 / 123

关爱围生期妇女心理健康 / 133

心理康复，帮助您摆脱心灵困境 / 142

从社会工作角度谈青年心理健康服务 / 150

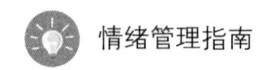

从神学到医学：精神疾病治疗与康复的悲欣之路 /159

附录：心理晴雨表 /165

从历史视角看精神障碍的预防

一、精神障碍的预防因由

精神障碍疾病是一种低致命性、高致损性、高致残性的慢性疾病[1]，疾病的复杂性和本身特点造成了巨大的身心负担，精神障碍是全球十大负担原因之一，已被公认为全球公共卫生问题。近年来，预防精神障碍发病（包括疾病复发）的方法在开发、实施和评估等方面有了显著的提升，公共精神卫生、行为健康等领域的研究者们在不断地探索一系列精神、情绪和行为障碍的预防策略，对各种精神障碍采取了预防性干预，在实践过程中取得了较好的成效。

精神活动包括认识活动（由感知觉、注意、记忆和思维等组成）、情感活动及行为活动，是人脑的功能，是人脑在反映客观事物的过程中所进行的一系列复杂的功能活动。精神障碍，又称为精神疾病，是个体在各种生物学因素、心理学因素、社会环境作用下，大脑功能活动发生失调紊乱，导致感知、思维、情感、意识、行为以及智力等精神运动方面的异常。提及精神健康的重要性，不得不回顾健康的概念。新的健康概念告诉人们，健康不再是单纯的生理上没有病痛与伤残，应该更广泛地涵盖生理、心理、社会及道德健康。精

---

[1] 李娟娟，赵树勇，杜媛泽等.中国居民 1990—2019 年心理性疾病负担及其危险因素变化趋势[J].中国公共卫生，2022,5（38）：518-522.

神健康是一种超越无精神障碍的健康状态，在这种状态中，人们能够认识到自己的潜力，能够应付正常的生活压力，能够有效地从事工作，能够为社会奉献自己的力量[1]。

2019年全球疾病负担（GBD）研究[2][3][4]中提及的精神障碍包括精神分裂症、双相情感障碍、特发性发育性智力残疾、抑郁症、焦虑障碍、自闭症谱系障碍、行为障碍、注意力缺陷多动障碍（ADHD）、饮食障碍、其他精神障碍（如人格障碍等）等10种疾病，其中，精神分裂症和双相情感障碍属于严重精神障碍疾病。报告显示，1990—2019年，全球精神障碍伤残调整寿命年（DALY）从8000万年增加到1.253亿年，全球归因于精神障碍的DALY比例从3.1%增加到4.9%。疾病所致伤残引起的健康寿命损失年（YLD）是精神障碍负担的主要来源，2019年有1.25亿年YLD可归因于精神障碍。在全球范围内，1990年精神障碍是DALY的第13大原因，2019年精神障碍是DALY的第7大原因。疾病方面，2019年，抑郁症在DALY的前25大原因中排名第13位。1990年和2019年，精神障碍是全球YLD的第二大原因。疾病方面，在2019年YLD的前25大主要原因中，抑郁症排名第2，焦虑症排名第8，精神分裂症排名第20位。

---

[1] 王祖承，方贻儒.精神病学[M].上海：上海科技教育出版社，2011
[2] GBD 2019 Diseases and Injuries Collaborators. Global Burden of 369 Diseases and Injuries in 204 Countries and Territories,1990–2019: a Systematic Analysis for the Global Burden of Disease Study 2019[J]. The Lancet, 2020, 396(10258): 1204-1222.
[3] GBD 2019 Viewpoint Collaborators.Five Insights from the Global Burden of Disease Study 2019[J].The Lancet,2020,396 (10258): 1135-1159.
[4] SONG J, PAN R B, YI W Z, et al. Ambient High Temperature Exposure and Global Disease Burden During 1990-2019: an Analysis of the Global Burden of Disease Study 2019[J]. Science of the Total Environment,2021, 787: 147540.

在精神障碍中，抑郁症在几乎所有年龄组中排名最高，但 0～14 岁年龄组除外。其中，行为障碍是负担的主要原因。值得注意的是，在中国，尤其改革开放以来，抑郁症作为心境障碍类疾病，已逐渐演变成一种严重影响人类身心健康和生活质量的疾病。

尽管精神障碍问题已被广泛关注，遗憾的是，只有少数患者真正地接受规范的心理健康服务，获得有效的治疗机会[1]。究其原因，全球范围内缺乏训练有素的精神卫生服务者来满足人们的心理健康服务需求，同时，受经济、社会和文化的影响，患者未能获得（不愿意接受）治疗的机会或未能坚持治疗。

大多数的精神障碍疾病都伴随长期的慢性病程，所以患者一旦罹患，就意味着有可能复发，从而产生多次治疗的需求。例如据研究统计，重性抑郁症的复发概率，在单次发作后约为 50%，两次发作后约 70%，三次发作后约 90%[2]。在美国人群中，重性抑郁症首次发作的个体中，有 38% 在随后的 10 年中复发；另有 15% 的人在抑郁症首次发作后的 20 年内从未康复[3]。预防抑郁症的首次发作以及预防后期的复发，或许可以显著减少患者对精神卫生服务的需求[4]。有效的预防不仅可以节省大量医疗成本、避免生产力下降和工作日请

---

[1] KESSLER R C, DEMLER O, FRANK R G, OLFSON, et al. Prevalence and Treatment of Mental Disorders, 1990 to 2003[J]. New England Journal of Medicine, 2005, 352(24): 2515-2523.
[2] JUDD L L. The Clinical Course of Unipolar Major Depressive Disorders[J]. Archives of General Psychiatry, 1997, 54(11): 989-991.
[3] EATON W W, SHAO H, NESTADT G, et al. Population-Based Study of First Onset and Chronicity in Major Depressive Disorder[J]. Archives of General Psychiatry, 2008, 65(5): 513-520.
[4] CUIJPERS P, SMIT F. Has Time Come for Broad-Scale Dissemination for Prevention of Depressive Disorders?[J] Acta Psychiatrica Scandinavica, 2008, 118(6): 419-420.

假以及失去教育机会带来的间接费用损失[1][2]。精神障碍的预防与可能影响或者改变心理健康的疾病和精神障碍的发生发展有着密切的联系。从历史视角看，精神障碍的预防已经有了显著的成效。

二、从历史视角看精神障碍的预防

1. 精神发育迟滞的预防

精神发育迟滞又称为精神发育不全、低能等，是指在发育期（18岁以前）由于先天或后天因素导致的精神发育受阻，表现出一般智力低于平均水平，伴有适应行为缺陷的心理发育障碍和社会适应不良。

从病因学角度研究精神发育迟滞，影响因素有许多，大致可以分为出生前因素、围生期因素和出生后因素。出生前因素包括各种遗传性疾病、染色体异常、颅脑畸形、母孕期感染、腹部 X 线照射和不适当服药等各种有害因素。围生期因素包括早产、未成熟儿、产程过长、宫内或出生时窒息、产伤、新生儿颅内出血等。出生后因素有中枢神经系统感染、脑外伤、脑缺氧、发育早期缺乏教育机会等。

唐氏综合征为 21 号染色体三体所致，又称为 21 三体综合征。疾病的风险在于存在全部或额外的 21 号染色体，染色体核型检查可

---

[1] CROWLEY D M, DODGE K A, BARNETT W S, et al.Standards of Evidence for Conducting and Reporting Economic Evaluations in Prevention Science.Prevention Science,2018,19:366-390.
[2] ZECHMEISTER I, KILIAN R, MCDAID D.Is It Worth Investing in Mental Health Promotion and Prevention of Mental Illness? A Systematic Review of the Evidence from Economic Evaluations[J].BMC Public Health,2008,8:20.

以确诊。为了预防新生儿患唐氏综合征，应实施产前全筛查策略（所有高风险的孕妇进行产前诊断），方法包括羊膜腔、绒毛取样和经皮脐带血取样，到现在，无创基因检测及尿多肽已广泛应用。另外，加强适孕妇女及孕妇的健康教育，可有效避免胎儿先天性感染的发生。综上，预防措施可大幅度降低唐氏综合征的患病率和出生率。

苯丙酮尿症是以缺乏肝细胞中苯丙氨酸羟化酶活性为特征的常染色体隐性遗传障碍。多数患儿在6个月后出现色素缺乏、白肤金发、虹膜呈黄色或蓝色、尿液和体液呈特殊鼠臭味。患儿实验室尿三氯化铁试验阳性和血液苯丙氨酸水平增高检查可以确诊。通过新生儿强制筛查以及苯丙酮尿症门诊，早日（出生后3个月内）给患儿低苯丙氨酸饮食摄入管理，以优化苯丙氨酸羟化酶水平，可有效地预防该症。

脆性X综合征是一种X连锁的遗传病，在X染色体长臂（Xq27或Xq29）上存在易断部位，因此得名。患儿智力水平为中重度缺陷，可以伴有语言和行为异常。早期的叶酸治疗对改善患儿的精神症状有显著的帮助。

2. 酒精所致精神障碍的预防

韦尼克-科萨科夫综合征(Wernicke-Korsakoff Syndrome)是由维生素B_1缺乏引起的脑病。韦尼克脑病（WE）早在1881年由韦尼克以"血管损害，主要累及了脑室和灰质"作了报道。WE是在慢性酒中毒的基础上，连续几天大量饮酒，又不进食，引起维生素B_1缺乏致病，典型的临床表现有眼肌麻痹、精神异常和共济失调。WE的病死率为10%~20%，但如能及时治疗可完全恢复，或发展成科萨科夫综合征或痴呆。1987年科萨科夫首先报道了由酒精中毒引起的多发性精神病，被命名为科萨科夫综合征（KS）。KS患者以近记忆缺损、虚构和错构等记忆障碍为主要表现，还可表现为幼稚、欣快、定向力障碍，多为不可逆损害。在战俘营和平民集中营曾有过大量的病例，后来经动物实验研究，慢性酒精中毒者营养不良，主要是由于进食不足、吸收不良和代谢障碍，导致硫胺（维生素 B_1）摄入不足。因此，公共卫生饮食建议、基于学校的强制性酒精滥用预防教育、给酗酒者补充维生素 B_1 等可作为强有力的预防手段，来预防此类疾病的发生发展。

震颤性谵妄是严重酒精戒断综合征。1813 年，由国外学者 Thomas Sutton[1]创造此名，在慢性酒精中毒、长期酒精依赖的基础上，突然停酒或减少饮酒量，可引发的一种短暂并有躯体症状的急性意识模糊状态，出现幻觉或错觉、全身肌肉震颤和行为紊乱三联征，易激惹、心率加快、失眠、情绪不稳定、兴奋、活动增多、坐立不安和癫痫发作等症状，具有昼轻夜重的规律。早期预防策略提倡完全戒酒[2]，建议有严重戒断症状的患者应住院接受戒酒治疗。戒酒早期向戒酒者提供足量的苯二氮䓬类药物[3]，如氯硝西泮、氯氮䓬和地西泮等，可避免震颤性谵妄的发生。

3. 麻痹性痴呆的预防

麻痹性痴呆是由梅毒螺旋体侵犯脑实质而引起的慢性脑膜炎，

---

[1] OSBORN M W. Diseased Imaginations: Constructing Delirium Tremens in Philadelphia, 1813-1832[J]. Social History of Medicine, 2006,19:191-208.
[2] WILLS E F. Delirium Tremens: Its Causation,Prevention, and Treatment[J]. British Journal of Inebriety,1930,28:43-49.
[3] DEBELLIS R, SMITH B S, CHOI S, et al. Management of Delirium Tremens[J]. Journal of Intensive Care Medicine,2005,20(3):164-173.

为神经梅毒最严重的一种类型。可逐渐发生躯体功能的减退、认知损害和人格衰退，最终导致痴呆和肢体麻痹，所以称为麻痹性痴呆。因病情逐渐进展，又称为进行性麻痹，或全身麻痹症。青霉素的使用可以消除梅毒螺旋体，防止麻痹性痴呆的发生。19世纪，成千上万罹患这种精神病的人被送进精神病院。然而，到了20世纪50年代，人们已经能相当娴熟地预防、应对这一疾病。同时，加强预防常识和科普宣传、进行健康教育以及积极治疗梅毒患者是预防麻痹性痴呆的根本措施。

公共卫生领域在健康促进和疾病控制方面有着悠久而成功的历史。在预防精神障碍方面也不例外，从饮食、药物、筛查、环境改变、健康教育等多维度、多手段对疾病危险因素进行干预和消除，从历史视角看，精神障碍的预防值得肯定和赞扬。

作者介绍

▶ 孙一颖

上海交通大学医学院硕士研究生；

上海市浦东新区精神卫生中心（同济大学附属精神卫生中心）、上海市浦东新区疾病预防控制精神卫生分中心公共精神卫生科副科长；

上海市浦东新区卫计委优秀青年医学人才；

上海市浦东新区精神医学重点学科骨干；

上海市浦东新区公共精神卫生特色学科骨干；

上海市浦东新区医学会精神医学专委会青年委员；

上海市中西医结合精神分会青年委员；

长期从事社区严重精神障碍患者防治管理，擅长公众心理健康促进和心理危机干预；

以第一负责人主持课题 3 项，其中 1 项市级课题，发表核心期刊论文 10 余篇。

如何识别和控制负性情绪

人的一生中，随时会有负性情绪。

负性情绪，俗称坏情绪，是人在不利于自身的环境下，产生的焦虑、紧张、愤怒、沮丧、悲伤、痛苦等情绪，这些情绪体验通常是不积极的，身体会产生不适感，可能影响正常的工作和生活，甚至引起身心的伤害。

一、负面情绪是内在需要的缺失

人在遇到问题的时候，很容易把自己放到悲惨的境地，面对问题的疏泄能力很弱，长期积累则产生负面情绪。但负面情绪往往是流动的，并非永恒不变，如果能得到恰到的疏导和释放，正能量就自然流动起来。有时候，努力去理解负面情绪，会发现它是内在需要的缺失。

需要是情感的基础。当人的情感得到满足时，就会感受到快乐。反之，当人的情感得不到满足时，则会感受到失落，甚至愤怒。

人的需要也是丰富多样的。对衣、食、住、行的需要，对劳动的需要，对社会交往的需要，对爱情生活的需要，无不存在于人生中的每一刻。人本主义心理学家马斯洛将人的需要分为五个层次，即生理需要、安全的需要、爱和归属的需要、尊重的需要、自我实现的需要,这五个层次的需要由低级到高级,逐级得到满足。并且,在到达高一级的需要之前,其下每一级的需要都必须得到满足或部分满足。如果更基本的需要很紧迫,其他的需要就可能处于压抑或缺失状态。

人的需要可能数量繁多,但是起关键作用的可能只有一个。这一个需要可能会被其他的需要掩盖,连自己都难以发现。正如单亲家庭成长的孩子,缺少原生家庭父母的陪伴,由于安全的需要、归属和爱的需要没有得到满足,在生活中遇到困难无法得到帮助,在解决问题时就容易采用负面或消极的应对方式。

二、负面情绪如何让人罹患各种疾病

英国的一项纳入六万名成年人的长程调查发现,将近15%的受访者存在心理问题,其中女性要比男性数量多。并且,年轻人、有吸烟习惯的人、服用降血压药物者似乎较易有身心困扰,这些人往往收入低于平均水平。8年后随访发现,受访者中有2367人死于缺血性心脏病、卒中与其他心血管疾病。心理学家指出,一般人口中约有15%~20%的人正面临情绪障碍、心理困扰。研究也发现,这些常见负性情绪可能与冠状动脉疾病有关,但目前尚不完全清楚这种情绪与心脑血管疾病相关的发生机制。这些结果有助于我们关注自身的情绪问题,减少和消除罹患这些疾病的风险因素[1]。

事实上,在现实生活中经常会遇到心脑血管患者的发病与情绪突然激动相关。尤其是经常生气、吵架、恐惧、焦虑、兴奋、紧张、悲伤、嫉妒的人,常常在这些情绪的剧烈发作时出现心脑血管意外。研

---

[1] 心理素质差是怎么回事[OL]. 勤学教育网. http://www.qinxue365.com.

究显示，这些情绪能够引起大脑皮质和丘脑下部兴奋，促使去甲肾上腺素、肾上腺素、儿茶酚胺等血管活性物质分泌增加，导致全身血管收缩、心率加快、血压上升，使脑血管内压力增大，从而导致已经硬化、失去弹性、形成微动脉瘤的部位破裂，发生心脑血管意外。

突然出现的负性情绪可能也是卒中的先兆。例如，老年人突然"不想说话"或者"连刚刚发生的事情都不记得"。大多数人遇到这种情况，可能会误认为是老人"心情不好"或者"记性不好"而忽略这些先兆。此外，在情绪刺激下，身体内分泌系统发生紊乱，也会让胃肠蠕动紊乱，导致消化能力下降，或者过分亢进，出现消化性溃疡、腹泻等。甚至人在紧张、愤怒的状态下，还会因支气管平滑肌收缩，导致气道阻力增加，出现胸闷、咳嗽和呼吸困难。

三、如何识别自我的负性情绪

想要与负性情绪和谐共处，就需要从识别自我负性思维开始。认知学派心理学家贝克总结了抑郁的"认知三合一"理论，即负性认知集中在三个方面：对自己的消极看法，对当前的消极体验，对未来的消极看法。也就是说，如果我们认为当前的体验是负面的，而且相信将来会继续给自己带来痛苦和困难，那么我们就容易深陷情绪的泥沼中[1]。可见，拥有负性思维模式的人，会让自己的人生变得阴沉黯淡。那么，负性思维有哪些呢？

1. 灾难化思维

灾难性思维的人习惯用"万一……怎么办"的句式去思考问题。比如他们会放大对身体的担忧或对事业的恐慌。如果人们陷入了

---

[1] 谷元音. 情绪控制力[M]. 北京：人民邮电出版社, 2013.

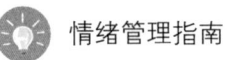

灾难化思维，自然会时刻感到恐慌和不安，而抑郁情绪也就随之而来了。

2. 罪责归己思维

拥有"罪责归己"思维模式的人，常用"如果……那么"的句式思考。比如他们会认为：如果我忘了按时去医院给父母配药，那么父母病情加重了肯定是我导致，所以我应该时刻提醒自己这件事情，这样父母身体就会好了。这样性格的人会把所有的错误归咎于自己，产生极端的内疚，这种强大的责任感迫使其背负了整个世界，感到喘不过气。

3. 自我否定思维

有自我否定思维的人特别容易否定自己的积极行为和积极情绪，潜意识地任由自己的负面情绪滋长。比如，当受到领导赏识时，他们会怀疑自己那么普通，怎么会得到领导的赏识。反之，当领导赏识别人的时候，他们又会想：看吧，我就知道，我这么没用，一辈子都出不了头。可见，这样的性格总是在培养自己的挫败感，打击自己的成就感，久而久之，就会对自己失去信心，对生活失去希望。

4. 固定型思维

固定型思维的人特别害怕失败，觉得一次失败就意味着满盘皆输。万一失败了，他们也会给自己找各种借口，或者对自己的失败耿耿于怀。这样的人也特别害怕发现自己的不足，觉得一个人的缺陷是无法通过后天弥补的。因此，执这种思维方式的人容易总是忧心忡忡，承受巨大压力，每当发现自己的不足时，就会刻板地认为这是一个无法改变的缺陷，对曾经的错误和自身的不完美始终无法释怀。

四、怎样培养情绪控制力，享受健康与幸福

首先，转移自己的情绪。情绪如同身体的感官，能感受身体状况和外部世界。当然，违背自己的意志时，或超出自己的心理预期时，面对感知，就会产生瞬间的情绪问题。当我们情绪不快时，我们要养成习惯，立刻反省情绪的状况，扪心自问三个问题：我现在是什么情绪？我为什么会产生这种情绪？我应该如何去处理？认清了情绪产生的原因，进而转移自己的视线，短时间内可转移当下的情绪。情绪通常是瞬间的，一旦情绪得到转移，就可能控制情绪的破坏力[1]。

其次，挖出情绪的根源。长期的情绪失控会直接导致持续性的负性情绪，因此，在情绪风暴后，我们需要挖出情绪的根源。不良情绪一般产生于过去的伤害、负面的记忆、原生家庭给予的价值观、个人惯性思维和行为习惯等。长期受情绪困扰的人，需要给自己一个安静的时间，反思一下自己成长的经历，从而找出那些我们尚未释怀，或者不敢面对的不良伤害。只有直接面对，才能把自己从过去的伤害中释放出来。

再次，建立有弹性的心理预期。我们总是对自己未来抱有基本的心理预期，而导致情绪失控的瞬间原因就是这个心理预期。比如，去拜访某个人，交谈某些事，我们都习惯性地设立一个基本的源自经验和个人价值观的心理预期。当我们突然遇到的情景和预期不一致时，我们就可能情绪失控，其中的根本原因是源自被冒犯的感觉，

---

[1] 李敏. 自控力:如何掌控自己的情绪和心态[M]. 北京：中国法制出版社，2016.

即现实处境和心理预期的差异。因此，我们需要给自己一个有弹性的心理预期，当好的结果来临时，我们可以惊喜；当不尽人意的结果到来，我们也能欣然接受。

此外，正能量的心理信念和找到疏泄情绪的通道也有助于控制情绪。心理信念可以直接导致心情好坏，常给自己正能量的信念，我们的心情也会畅快，情绪就会舒畅。同时，寻找适合自己的情绪疏泄通道，比如朗读、运动、唱歌、旅行、听音乐，享受美食等，一个疏通情绪的办法能转移不良情绪的刺激。

五、面对挫折，我们仍然可以微笑

微笑面对生活，因为生活不是为了别人，而是为了自己。应该带着激情面对工作，带着真情面对家人，带着热情面对挑战。无论在什么时候，微笑是人生坚持下去的唯一理由，笑到最后，我们才能有所收获[1]。

微笑面对困难，方能战胜困难。微笑面对风雨，才能拨开云天看彩虹，微笑面对黑夜，才能迎来光明。当你对别人微笑时，别人也会对你微笑。

微笑面对人生逆境，才能让我们鼓足勇气。就如司马迁以乐观心态完成了"史家之绝唱，无韵之离骚"的《史记》；蒲松龄用微笑面对落榜的不如意，以淡然心态著就《聊斋》。挫折是人生道路中无法避免的，每当遇到挫折时，痛苦随之而来，但我们可以用一种正确的心态去面对挫折。坚定的志向、良好的心态、不懈努力，

---

[1] 王芹, 白学军, 郭龙健, 等. 负性情绪抑制对社会决策行为的影响[J]. 心理学报, 2012, 44(5):690-697.

可使逆境成为通往成功路上的跳板。我们需要做的就是摆正自己的心态，用微笑面对挫折，用微笑面对人生逆境。这是对自己的一种鼓励，是一种自信，能赋予自身无限的动力。

微笑面对人生，你的人生就会对你微笑。微笑是一种人生态度，顺着微笑的轨道，就能划出人生绚丽的光芒。人生最大的荣耀不在于从不跌倒，而在于每一次跌倒后都能爬起来，走下去。每个人对待人生都有不同的态度，但是你对人生的态度决定了你今后的人生。其实，人生就像一面镜子，你以微笑待之，它对你自然也是温柔以待。

结语

在现实生活中，我们的情绪错综复杂，若我们不能恰当地表达和处理情绪，就会出现负面情绪。有时候，我们会依靠理性让自己隐忍；有时候，我们会有意识地把它们放在一边。但在努力压抑这种负性情绪之后，我们会感到疲劳、痛苦、激动或是不安。一旦遭遇争论、逆境，负性情绪就会突然冒出来，无论我们是否愿意，它都会悄悄地出现在我们的日常生活中。

所以，若想控制好自己的情绪，必须正确地识别负性情绪。当我们不能很好地与其共处的时候，不要焦虑和责怪自己，给自己一些时间，让情绪沉静下来，微笑面对当前的处境，享受人生的每一个起伏。

作者介绍

▶ **童捷**

同济大学附属精神卫生中心(上海市浦东新区精神卫生中心)心境障碍科主治医师、心理治疗师；

上海市中西医结合学会精神疾病专委会青年委员；

上海市浦东新区医学会精神医学专委会青年委员；

济宁医学院精神卫生系教师；

全科住院医师规范化培训基地教师；

从事精神和心理卫生工作近20年，擅长精神科常见疾病的诊治，尤其在抑郁障碍、双相情感障碍、睡眠障碍等方面具有丰富的临床和教学经验。发表学术论文多篇，参编多部心理科普书籍。

如何理解社区精神卫生服务

精神卫生（mental health）作为公共卫生领域的一个重要内容，一般是指精神疾病的预防、治疗以及康复。精神卫生服务简单来说，就是为精神疾病患者或健康者提供所需的一切精神卫生服务的总和。

一、国外社区精神卫生服务发展现状

西方发达国家从 20 世纪 60 年代就提出精神障碍治疗的"非住院化运动"，开始实践和探索社区精神障碍患者的防治模式[1]。精神障碍患者住院人数和精神专科医院的床位数明显减少，多数患者在社区进行康复和治疗，精神病专科医院仅是急性或发病期的精神病患者的一个治疗环节。美国是最早提倡"精神障碍患者非住院化"并开展社区精神卫生服务的国家之一[2]。英国将社区卫生服务的发展纳入国家保健体系，通过具有全科和专科社区服务功能的综合网络提供社区精神卫生服务。澳大利亚将精神卫生服务从精神专科医院

---

[1] 陈希希，肖水源.我国农村社区精神疾病防治的发展现状及展望[J].实用预防医学，2004，11（1）：205-206.
[2] 范晓倩，栗克清.社区精神卫生服务研究进展[J].中国健康心理学杂志，2015，23（8）：1268-1273.

分离,将功能整合到社区,让 98%的精神障碍患者在社区可以接受治疗,并将社区精神卫生服务内容纳入国民保险①。

二、我国社区精神卫生服务发展现状

我国社区精神卫生服务起步较晚。20 世纪 90 年代,精神障碍和精神残疾的社区防治康复工作被纳入国家发展计划,提出对重性精神障碍患者开展"社会化、开放式、综合性"的社区防治康复服务。自此以后,全国各地先后摸索开展社区精神卫生服务模式。北京市社区精神卫生服务对严重精神障碍患者采取分级管理模式,对各等级的患者提供针对性的精神卫生服务。2004 年,"中央补助地方卫生经费重性精神疾病社区管理治疗项目"(俗称"686"项目)在全国展开。在"686"项目的示范区,严重精神障碍患者的治疗、康复和管理等工作取得了明显效果②③。2009 年,国家将严重精神障碍患者健康管理列入国家基本公共卫生服务项目,从此,我国社区精神卫生服务纳入了公共卫生服务范畴。广东省在全省范围内推广"医院-社区一体化"服务,在深圳等地建立示范区④。厦门市每个精神卫生服务中心均配有 1~2 名专员,负责患者治疗、管理、评估和转诊

---

① 宋秀珍,孔临萍,燕炯,等.国外社区精神医学的发展及现状[J].卫生软科学,2004,18(3):134-136.
② 廖震华,丁丽君.厦门市社区精神卫生服务的初步发展[J].中国初级卫生保健,2012,26(10):4-6.
③ 马弘,刘津,何燕玲,等.中国精神卫生服务模式改革的重要方向:686 模式[J].中国心理卫生杂志,2011,25(10):725-728.
④ 赵明,盛志君,张肖.发达省市精神疾患防治经验及其对吉林省的启示[J].长春理工大学学报(社会科学版),2011,24(12):33-36.

等服务，并对居民及精神障碍患者进行健康教育[①]。

三、上海社区精神卫生服务内容

上海全面推进以精神分裂症为主的严重精神障碍的三级防治立体管理网络，探索了"新生全面康复模式"，建立了规模较大的日间康复站（阳光心园和阳光之家），对患者开展生活和社会交际能力训练[②]。严格按照"属地化管理"和"分级分类服务管理"原则，落实"病情评估+患者潜在肇事肇祸风险评估"的综合风险评估模式以及"精防医生+社区团队"的分级分类服务管理模式，按照患者综合风险等级提供有重点、个案化的各类干预管理。明确严重精神障碍患者服务管理工作内容、流程与要求和责任，切实落实服务要求，确保工作落实规范、准确、及时。

1. 服务对象

上海市户籍人口或"上海市居住证"持有者及其同住配偶子女，或经调查核实在上海市连续居住半年以上非本市户籍人口中的严重精神障碍患者，包括精神分裂症、分裂情感性障碍、偏执性精神病、双相障碍、癫痫所致精神障碍、精神发育迟滞伴发精神障碍等六类严重精神障碍患者。若符合《中华人民共和国精神卫生法》第三十条第二款第二项情形并经诊断和病情评估为严重精神障碍患者，不限于上述六类疾病。

---

① 徐唯，李玲，李文咏，等.我国现有精神卫生体制的历史沿革[J].中国市场，2011，（24）：57-60.
② 郑宏，周路佳，符争辉.精神分裂症社区精神卫生服务现状与发展策略初步研究[J].中国初级卫生保健，2012，26（5）：14-17.

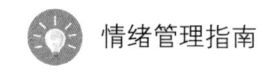

2. 患者知情同意

社区卫生服务中心精防（精神障碍和精神疾病防治）人员应向患者本人及其监护人宣传上海市社区严重精神障碍服务管理的有关政策，讲解服务内容、患者及家属的权益和义务等，征求患者本人及其监护人的意见并签署参加严重精神障碍管理治疗服务知情同意书。对同意参加社区服务管理的患者，应按照要求落实家庭医生（团队）签约服务，根据患者综合风险评估结果由家庭医生（团队）或社区精防人员提供定期随访、服药指导和康复训练等服务管理。不同意参加社区服务管理的患者，精防人员应及时报告社区看护小组给予重点关注。

3. 开展综合风险评估

社区卫生服务中心应按照《严重精神障碍管理治疗工作规范（2018年版）》要求，对已纳入管理的严重精神障碍患者进行基础管理分级评估，并按照《上海市严重精神障碍患者综合风险评估标准》开展患者肇事肇祸潜在风险因素评估，综合评判患者肇事肇祸风险。患者综合风险从高到低（以颜色区分）分为高风险（红色）、较高风险（橙色）、一般风险（黄色）和低风险（绿色）四个风险等级。

4. 提供分级分类服务管理

社区卫生服务中心应按照《上海市严重精神障碍患者分级分类服务管理要求》，依据患者综合风险等级提供分级分类针对性的动态服务管理。其中，对一般风险（黄色）和低风险（绿色）患者以家庭医生（团队）服务管理为主；对较高风险（橙色）和高风险（红色）重点患者采取"多对一、多包一"工作措施，会同政法、公安和街道（镇），协同落实社区服务管理。社区卫生服务中心每年应为辖区在管严重精神障碍患者提供至少 4 次随访，重要时间节点，应根据要求增加随访频次，患者随访应以面访为主。工作人员应综合评估患者病情、社会功能、家庭监护能力等情况选择随访方式。每次随访中应根据患者实际病情，对患者及其亲属进行有针对性的健康教育和生活技能训练等方面的康复指导，对亲属提供心理支持和帮助。

5. 定期健康体检

在患者病情许可并征得患者监护人与患者本人同意后，应每年进行 1 次健康检查，可与随访相结合。健康体检内容主要包括一般体格检查以及血压、体重、血常规(含白细胞分类)、转氨酶、血糖、心电图检查等。

6. 提供免费服药管理

社区卫生服务中心负责开展无业贫困严重精神障碍患者免费服药管理工作，包括：宣传免费服药政策，受理免费服药申请，符合条件者发放免费服药卡；根据精神药物治疗常规要求，定期进行药物监测；每半年对服药情况进行评估；每月完成免费服药记录表。

7. 提供长效药物治疗

为持续优化和完善严重精神障碍患者服务管理，保障患者治疗康复效果，减少复发，减轻患者家庭经济及照料负担，帮助患者病情稳定，早日回归社会。对社区精神障碍患者实施长效药物免费治疗，使用长效药物治疗费用除医保外自负部分由政府专项资金支付。患者在接受社区随访时，或直接向居住地所在社区卫生服务中心精防医生申请，填写知情同意书及申请表，至区精神卫生中心接受专

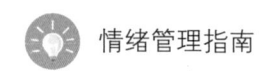

业医学评估，评估通过即可使用长效药物治疗。

8. 落实患者社区康复服务

社区卫生服务中心家庭医生（团队）和精防人员应结合患者特点在随访时对患者及其家属提供康复指导，并协助落实社区康复。精防人员应每周 1 次到社区精神康复机构（主要是阳光心园）进行康复指导，开展个案管理和心理疏导。康复服务内容包括服药训练、复发先兆识别、躯体管理训练、生活技能训练、社交能力训练、职业康复训练等。

9. 开展严重精神障碍患者应急处置

应急处置不仅包括对有伤害自身、危害他人安全的行为或危险的疑似或确诊精神障碍患者的紧急处置，也包括对病情复发、急性或严重药物不良反应的精神障碍患者的紧急处置。社区卫生服务机构应在区疾病预防控制精神卫生分中心的指导下开展应急处置工作。患者出现伤害自身行为或危险，或有危害公共安全或他人安全的行为或危险，精防人员或其他相关人员应当立刻通知公安民警，并协助其处置。精防人员应当及时联系上级精神专科医疗机构开放绿色通道，协助民警、家属或监护人将患者送至精神专科医疗机构门急诊留观或住院。必要时，精神专科医疗机构可派出精神科医师和护士前往现场实施快速药物干预等应急医疗处置。

10. 心理健康服务

社区卫生服务中心要组织专业人员参与心理健康服务，为社区居民有针对性地提供救助帮扶、心理疏导、精神慰藉、关系调适等服务，对严重精神障碍患者等特殊人群提供心理支持、家庭心理教育、社会融入等服务。各社区卫生服务中心要充分利用心理咨询服务点，采取现场咨询、电话咨询、信函咨询、网络咨询等多种形式为有需求的居民提供心理健康咨询服务。开展社区心理健康知识宣传，提高居民心理健康水平。

作者介绍

▶ 杨屹

预防医学副主任医师；

上海市浦东新区精神卫生中心（同济大学附属精神卫生中心）、上海市浦东新区疾病预防控制精神卫生分中心公共精神卫生科科长；

上海市中西医结合学会精神疾病专业委员会委员；

上海市浦东新区公共精神卫生特色学科建设骨干；

从事疾病预防控制工作近20年，擅长社区严重精神障碍服务管理工作。主持或参与完成市、区级课题6项，发表中文核心期刊学术论文20余篇。

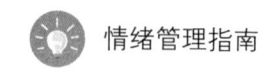

读懂积极心理学,享受美好人生

美好人生,是每个人的向往和追求。

每当我们在给别人送上祝福的时候,总是会说"祝您幸福美满",但其实我们可能不知道什么人生才是美好的。

有时候,我们期望能赚很多的钱,住上大房子,喜欢什么就买什么。可是当我们实现这些目标,变得越来越富足的时候,我们却会觉得缺少了什么。有时候,我们期望拥有一个爱人,成立一个家庭,享受天伦之乐。可是当我们拥有这一切的时候,我们却发现爱人的不足、家庭的矛盾,我们会迷茫。

或许,周遭的人和环境并没有变化,而是自己缺少一颗可以积极看待事物的心呢?你会发现无论自己付出多大的努力,无论做得再完美,但相对于那些佼佼者,自己的生活似乎还是不够好、不够美。

由此可见,对于美好人生的诠释,不仅仅应从物质上、从他人给予的安全感中去获取,更多地应该保持积极的心态去面对人生。

一、美好人生,更像是种能力或感受

密歇根大学积极心理学家克里斯托弗·彼得森教授阐释了美好人生的如下四种感受[1]:

---

[1] 任俊. 积极心理学思想的理论研究[D].南京:南京师范大学, 2006.

1. 爱的感受

这里的爱，不单指爱情，而是一种大爱的情怀。爱我们赖以生存的大自然，爱我们的国家和民族，爱我们身边的亲人，爱我们自己。大爱无疆，没有谁能剥夺他人爱的权利与自由。

爱也是种能力。可以尝试着从爱自己开始，从爱身边的亲人开始，只有当你付出了爱，并得到了回应，爱的能力就慢慢建立起来了。没有爱的生活，会多么痛苦和绝望，感受不到爱，也就无法感受到人生的美好。

2. 快乐的感受

人生不易，但怀揣一颗感受快乐的心，会时时发现生活中的欢乐和惊喜，顿悟到生活的美好。春之希望、夏之绚丽、秋之丰硕、冬之暖阳，每个时节都会带给你不同的收获。孩子的笑脸、少年的冲动、青年的热血、中年的沉稳、老年的慈祥，每个时期都能感受到快乐如影相随。

助人也可以快乐。无需兼济天下，一个友好的眼神，一句鼓励的话语，一次温暖的伸手，也会让我们从他人内心感受到愉悦。感受人生中的点滴快乐，保持乐观积极的心态，你会发现美好的生活竟如此简单。

3. 自我效能

我们所说的自我效能，是从事某种行为，并取得预期结果的能力。通俗地讲，就是我们知道自己能做什么、该做什么，并且有胸有成竹的决心和信念。

无论从生活中，还是工作中，抑或是学习中，或许效能感就是对社会、家庭、亲人敢于肩负起责任。在家庭里，我们尽职尽责地为人夫妻、为人儿女、为人父母。在工作上，我们兢兢业业、勤勉努力、创造价值。在学习中，我们刻苦钻研、勤奋创新、努力探索。扮演好每一个社会角色，付出属于你的贡献，获得自我效能。

4. 人生的意义

人生的意义何在？每个人应该都思考过这个命题，但每个人给出的答案都会不一样。有的人认为人生是一次体验或超越，有的人认为人生就应该享乐或渡劫，有的人认为人生应该做有意义的事。

人之所以是高级生物，是因为人有追逐意义的能力。如果你突然感觉看不清人生的意义，不妨去尝试行动起来，陪父母散步、独自阅读书籍、陪爱人聊天、陪孩子游戏。做完这些，你可能就会发现不同的成就感和意义感。

这些乐观、积极、向上、自信的心态，就是积极心理学对于人生的正向影响，让我们的人生时刻充满着美好。

二、积极心理学的起源和发展

积极心理学是心理学领域的一场革命，也是人类社会发展史中的一个崭新的里程碑，是由美国心理协会前主席、著名心理学家赛里格曼教授于 2000 年正式创立的[①]。它是采用科学的原则和方法来研究幸福，倡导心理学的积极取向，以研究人类的积极心理品质、关注人类的健康幸福与和谐发展。

赛里格曼同时指出了 20 世纪心理学中存在的两大问题：其一，心理学尚未真正深入民族和宗教冲突问题中；其二，较少关注人的积

[①] 崔丽娟，张高产. 积极心理学研究综述：心理学研究的一个新思潮[J]. 心理科学, 2005, 28(2):4.

极品质和积极力量。因此，他认为，这两个方面是 21 世纪的心理学工作的中心。他认为积极心理学正是一种以积极品质和积极力量为核心，致力于使个体和社会走向繁荣的心理学领域，是一门从积极角度研究传统心理学研究内容的新兴科学。并且，确定了积极心理学的三大支柱：积极情感体验、积极人格、积极的社会组织系统。

大多数心理学家的任务似乎就是理解和解释人类的消极情绪和行为。但是，在当今社会，人们的生活变得越来越好，但却感受不到幸福，负面心理层出不穷，如精神空虚、孤独、抑郁、自闭、压力等。这一现状迫使心理学家们开始反思。也许心理学应该回归本真，即：使一切生命更有意义，应该研究人类的积极品质，关注人类的生存与发展，用一种更开放的、欣赏性的眼光去看人类的潜能、勇气、品质、动机、期望和能力等，这也是积极心理学产生的现实背景。

三、积极心理学的使命和理念

心理学最初的三个使命是疗愈精神疾病、帮助人们幸福、发现和培养天才。但时代的变迁使得后二者逐渐被忽视。而积极心理学正是普通心理学的补充，或者说是一种回归，力求让所有人过上更有意义的生活，发现和培养天才。它可以让心理异常的人及时解决自己的问题；让普通人能充分发挥自己的优势，不断挖掘自己的潜能，培养自己的力量和美德；让那些天才能够发现自己的特点，很好地借助机遇发挥自己的超常才能，实现自己存在价值[1]。

---

[1] 卡尔.积极心理学:关于人类幸福和力量的科学[M].北京：中国轻工业出版社,2008.

谈到积极心理学的理念，必须先了解消极心理学，这样才能真正理解积极心理学的不同之处。消极心理学把研究焦点放在人类的消极的一面，如伤痛、弱点、缺陷等。虽然这些研究确实能减轻或解决心理疾病的困扰，但在处理治疗心理疾病所衍生的问题时，消极心理学却会显得手足无措。这种过分局限的消极心理学取向模式，忽视了事物的积极品质、自我实现以及社会的发展。在这样的背景下，越来越多的心理学家认识到不应仅仅着眼于心理疾病的矫正，而更应该研究与培养积极的品质，这才是积极心理学真正的理念。

四、幸福是"有意义"的快乐和满足

那到底什么是幸福呢？幸福是一种主观的感受和体验。理解这一概念也离不开心理学的探索。

目前，我们衡量幸福的方法主要有两种，主观自我报告法和经验取样法。前者是通过编制和验证的幸福量表，让人们通过数值来评价自己的幸福感受。后者则是每天的不同时刻，问同一个问题："你觉得自己的幸福程度是多少？"随后对这个问题进行打分，得出的平均值就是我们的幸福水平[1]。

从某种意义上来说，对这个问题的回答，也是积极心理学对幸福的理解。虽然看似简单，实际上是在要求人们在主观体验的基础上，平衡自己相互冲突的各种欲望，思考自己相互抵触的各种目标，得到一个总体的评价。欲望和目标的实现代表着满足和快乐。而各种欲望和目标又不一致，这就涉及我们对不同目标意义的思考。

从积极心理学的观点来看，幸福确实是一种主观的感受，但它

---

[1] 刘翔平. 当代积极心理学[M]. 北京：中国轻工业出版社，2010.

又不仅仅是简单的快乐和满足，而应该是"有意义"的快乐和满足。如果用一个公式来说明幸福，就是"幸福=满足+快乐+意义"。如果一个人最终追求的目标是幸福，那么他就应该明白：在快乐之上，还应该有意义。

我们应当如何获得意义呢？它存在于更高的层次，并体现了人类的自由意志。目前，能够让我们感到有自由意志的活动主要有三类，即思考、努力和等待。因为我们的人生经由思考才能获得意义；不断地朝着目标努力，这是一种能看到希望的、朝向未来的、有意义的活动；而等待，则体现了我们的意志和坚持，同时也要求我们暂时放弃眼前的欲望。

我们必须更多地进行审慎地思考，不懈地努力，并积极地等待。这些行为在积极心理学中体现了自由意志，能给我们带来幸福的感觉。

五、积极的环境能改变人生

关于环境与人生的关系，绝大多数的观点认为，这是一种本能的认识。这种认识包括两种倾向，一种倾向认为人是环境的产物，人只能顺应环境，却无力改变环境，并由此形成了环境决定论；另一种倾向认为环境与人生应该是互动的，即环境是客观的制约人生的外部力量，但人生也可以通过主观努力而改变环境[1]。

前一种环境观可以说是一种消极的环境观，后一种环境观则是一种积极的环境观。消极的环境观把自己的生活、自己的人生、自

---

[1] 朱翠英，凌宇，银小兰. 幸福与幸福感:积极心理学之维[M]. 北京：人民出版社，2011.

己的命运，都毫无保留地交给了环境，任由环境摆布。因此，这种环境观所引发出来的人生态度和生活信念是消极的。而积极的环境观则是努力把环境纳入自己的主体意志、主观情感、主人命运观的视野之中，努力使环境成为自己人生享用的内容。所以，这种积极的环境态度引发的是积极的人生态度和积极的生活心态。

　　一个人的人生与他所处的环境之间，构成了一种最现实和最直接的关系。从本质上来讲，环境与人生的关系，首先表现为环境与心态的关系，即环境营造出的生活心态，人的心态创造生活环境。环境既可以营造出积极的生活心态，也可以营造出消极的生活心态，关键看以何种心态去看待环境。一个人的心态一旦形成，就成为创造生活环境的动力，决定环境的走向。积极的心态创造出积极的环境；消极的生活心态只能制造出消极的生活环境。

　　但人们总是低估自己改变环境的能力。身处不同的环境中，无论是逆境还是顺境，都应以一颗平常心去面对，或许环境因为你付出的努力，而在不断地发生变化。

作者介绍

▶ 张洁

精神科副主任医师、二级心理咨询师、心理治疗师；

上海市浦东新区精神卫生中心(同济大学附属精神卫生中心)质控办主任兼医保办主任；

首届上海市浦东新区医学会精神医学专业委员会秘书；

第六届上海市中西医结合精神分会委员；

济宁医学院兼职教师；

同济大学附属东方医院兼职教师；

获得教学管理先进个人奖和浦东新区卫计委继续教育先进个人奖。从事精神卫生工作20余年，擅长精神科常见疾病的诊治、心理认知治疗，对抑郁症、双相情感障碍等心境障碍疑难病例有独到见解。以第一作者共发表中文核心期刊论文2篇、SCI论文2篇，参与完成"抑郁症患者治疗前后认知功能及血清脑源性神经营养因子（BDNF）的对照研究"，荣获上海市科学技术成果奖。以第一发明人登记申请专利"一种精神病人心理康复实训架"1项。参编心理科普书籍《谈"欣"解"忧"话心境》《从"心"开始，告别忧愁》。

▶ **童捷**

同济大学附属精神卫生中心（上海市浦东新区精神卫生中心）心境障碍科主治医师、心理治疗师；

上海市中西医结合学会精神疾病专委会青年委员；

上海市浦东新区医学会精神医学专委会青年委员；

济宁医学院精神卫生系教师；

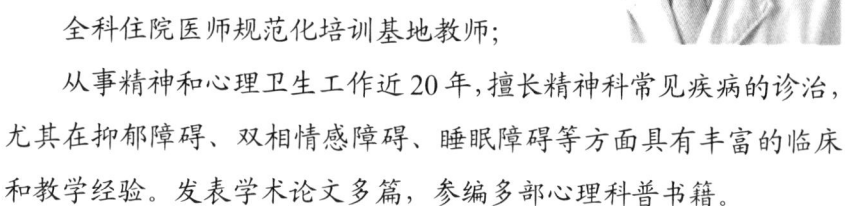

全科住院医师规范化培训基地教师；

从事精神和心理卫生工作近20年，擅长精神科常见疾病的诊治，尤其在抑郁障碍、双相情感障碍、睡眠障碍等方面具有丰富的临床和教学经验。发表学术论文多篇，参编多部心理科普书籍。

做合格的家长，培养"自己家"的孩子

近几年，我国生育率迎来断崖式下跌，年轻人谈"孩"色变。不但教育成本高，辅导作业更"要命"。时代在进步，社会在发展，教育成了最大的民生问题。

"别人家"的孩子、"不要输在起跑线"等教育理念，坑苦了孩子，拖垮了父母，青少年心理问题也呈上升趋势，自杀、离家出走、误伤孩子等案例屡见不鲜。是时候改变教育理念，做孩子成长路上的良师益友，做合格的家长，培养"自己家"的孩子。

一、善做孩子的伯乐

俗话说"千里马易得伯乐难求"，在家庭教育中，教育的成败取决于家长的教育理念和方式。"别人家的孩子"是每个父母所梦想的，"别人家的孩子"也因此正一步步摧毁着亲子关系和家庭和睦：父母试图用别人的优点来激励孩子进步，成为自己的"理想型"，但事与愿违，这种方式反而打击了孩子的自信心，催生了孩子间仇恨和嫉妒心，影响了孩子社交能力的发展，不利于孩子的身心健康，进而影响学业。

其实，在家庭教育中，我们应该用"放大镜"来看待孩子的优点：也许他没能琴棋书画样样精通，但是他有自己的爱好并愿意努力付出,只要你愿意去找,孩子身上总是有许多闪光点[①]。社会需要各方面的人才,需要全方位发展。我们也能看到很多名人的例子,韩寒高中肄业,6门功课不及格,但文学造诣很深,父母果断为其办理退学,加强其文学培养,最终他成了杂志社主编、作家、导演,2010年被《时代周刊》评选为100名影响世界人物之一。

每一个孩子都是独一无二的,有些孩子是高山,有些孩子是溪流;有些孩子是鲜花,有些孩子是参天大树;他们没有可比性,都有属于自己的一束光,照亮自己的人生。

二、允许孩子慢慢成长

21世纪是快速发展的时代,"慢"谈何容易,孩子们从小到大,都是在父母"快起床""快吃饭""快学习"的催促中成长起来,不知从何时开始,小区内玩耍的孩子越来越少,早教机构越开越多,英语、拼音、珠心算等科目成了学龄前儿童的标配,越来越多的家长占用孩子的休息时间报名各类辅导班,试图在人生的跑道上抢占先机,但"拔苗助长"式的超前教育夺走了孩子们童年的快乐。

"内卷"的时代,父母需要拥有"慢"的心态陪孩子慢慢成长,慢慢走才能走得更稳更远。生活中我们经常看到"咆哮式"教育使家长身心俱疲,也造成孩子唯唯诺诺,不敢学、不想学,甚至形成人格障碍。其实,学习是一场终身的旅行,磨练基本功是很重要的,打好基础才能铸就高楼。从马云、俞敏洪、马化腾等人通过高考复读改变人生的故事,我们知道需要适时地暂停脚步,回顾以前的路,

---

① 章剑和.莫用"别人家的孩子"否定自家孩子[J].家庭医学,2014,(04):28-29.

从而发现以前只顾一味向前冲而忽略的东西。

孩子的成长是循序渐进的过程,每个孩子在不同年龄段智力、需求、体能发展速度都是不同的。其实,人生是一场马拉松,耐力比速度更重要,不在乎起跑线,坚持到终点才是关键。

三、善于有效沟通 尊重孩子选择

美剧《成长的烦恼》是 70 后的青春、80 后的回忆,其中诠释"父母"的意义,打破了我们传统家庭教育理念。在对孩子们的教育中,主角西弗夫妇通常采用聊天、倾听等方式,引导孩子们确立人生目标,树立正确的价值观,对孩子们的理想给予鼓励和支持;对于孩子们的犯错和老师的告状,作为家长也不是一顿打骂,而是耐心地倾听孩子们的解释,让孩子换位思考,使孩子认识到自己的问题并愿意改正,培养孩子的责任意识,让孩子成长路上有担当。

中国的很多家庭,自孩子出生,父母便小心翼翼地呵护其成长,事事包办,反而引起孩子反感。身边不乏实例:叛逆的孩子故意做父母不喜欢的事以示不满,或报考外省市大学远离父母管束;懦弱的孩子成为"巨婴""妈宝",受同学、同事歧视排挤,影响社交能力,造成性格扭曲。中国台湾作家刘墉认为,对孩子的尊重是教育的核心。他的儿子进哈佛后选什么科目全由其自行决定;无论是毕业论文口试还未结束时,儿子说要去旅行,还是当儿子想放弃纽约高薪到中国去做 DJ,刘墉都会慨然一句"Go ahead."。

随着孩子的长大,沟通成了父母和孩子间最大的障碍,儿时的"小黏人"变得陌生,彼此无话可说,成了最熟悉的陌生人。有同事曾抱怨:在儿子高考前经常劝他学医,希望以后工作稳定,收入有保障，但儿子强烈拒绝，越劝越抵触，大学毕业后也无心工作，父母感到很绝望。一年后，同事带来各式各样的西点、巧克力等给我们品尝。原来这些是同事儿子做的，他目前在五星级酒店做点心师，并公派到澳洲学习，对未来充满希望。同事说到儿子脸上露出满满的骄傲。一年来，同事做了很多改变：调整了和儿子的沟通模式，和儿子聊他喜欢的话题，对儿子作品表示赞赏，逐步拉近了彼此间的距离。儿子也更愿意听取她的建议，聊天成了母子俩最快乐的时光。

四、正确的爱让孩子飞得更高

"棍棒底下出孝子"和"溺爱"是中国较常见的两种"爱"的表现。李玫瑾教授对犯罪心理的研究证明，家庭教育的失衡爱酿成的悲剧屡见不鲜。

父母的一句"我都是为你好"伴随着孩子的成长，如果说这句话体现了父母对孩子的爱，这份爱未免太沉重，例如北大学子吴谢宇弑母案。因父亲的离世，母亲窒息的爱把他推上了绝路，让人感到惋惜。我们身边也不乏类似的情况：因丈夫突然离世，孩子成了她的全世界，直到有一天，孩子对她说："你总要对我放手，请不要捆住我的腿，再让我去跑步。"她突然醒悟，孩子就像父母手上的风筝，飞得越高线拉太紧就容易断，爱孩子需要懂得尊重和放手，根据孩子的天性加以引导，使其拥有独立人格，而不是培养成别人眼中的乖孩子，父母炫耀的资本。其实，爱是双向奔赴的感情，不但需要彼此付出，也在于感受到对方给予的爱。

适时的放手，默默的支持是家长对孩子最深厚的爱。曾经遇到一对双一流大学毕业的夫妇，孩子不喜欢读书，大专毕业后在酒店做门童，我们听闻后觉得很惊讶，反问他们怎么接受这一现状，是否很崩溃？夫妇俩很淡然地说："要放手让孩子去走自己的路，我们能做的就是支持他。"一年后，儿子觉得这份工作不能成为他终身职业，断然辞职重修学业，研究生毕业后在企业任部门主管。

放手不是放任，支持是有原则的，正确的爱可以让孩子飞得更高更稳，"熊孩子"不是天生"熊"。家长能正确地爱孩子，每棵树苗都能长成栋梁之材。

五、和孩子一起成长

儿子进幼儿园后的第一次家长会，班主任老师就抛出了一个话题："用孩子的视角看世界，孩子真的喜欢和父母逛超市、逛商场吗？"回答是"否"。当蹲下和孩子同一个高度时，你会发现，孩子看到的不是琳琅满目的商品，满眼都是大长腿。老师希望家长们能真正做到、做好陪伴。这个话题让我们这些在场的家长无地自容。回家反思后，我们决定和孩子一起成长，经常会蹲下来和儿子交流；周末陪他一起运动；练琴时我打拍子，爸爸轻声吟唱；在一张书桌上他写作业我看书。渐渐地，我们变得有耐心了，孩子也听话了，家庭的幸福感提升了，孩子的自信心也增强了，兴趣爱好变广泛了。

很多家长深有感触，养育孩子让自己迅速成长，让我们经常反省自己的行为。有次我和孩子父亲因为一些琐事吵架，觉得自己很委屈，事后儿子批评了我，说我太主观，无理取闹，否定了爸爸对家的辛勤付出，很为爸爸叫屈。听了他的一席话我惊呆了，儿子第一次和爸爸统一战线了。反思了一夜，认识到自己的问题，我第二

情绪管理指南

天向丈夫和儿子承认了错误,也为儿子能客观地分析是非感到高兴。此后,我也学会控制好自己的情绪,家里的大小事宜也会征询儿子的看法。

父母是孩子的榜样,言传身教是对孩子最好的教育,在孩子面前勇于承认错误,和孩子一起受教育,和孩子一起成长。教育孩子是父母应尽的责任和义务,放低姿态平等交流,优质陪伴,有效关爱孩子,做合格的家长,培养身心健康的孩子。

作者介绍

▶ 江涛

上海市浦东新区洋泾社区卫生服务中心副主任;

公共卫生主管医师、国家二级心理咨询师;

2007—2010年新区青年骨干培养对象;

以第一作者《社区卫生保健杂志》、《大健康》等杂志发表论文多篇。

严重精神障碍患者的社区随访服务

有数据显示,精神心理疾病在我国疾病总负担中居首位,占总负担20%,上海市民主要精神疾病和心理行为问题的终身患病率为18.24%,精神卫生问题已经成为我国重大的公共卫生问题和突出的社会问题之一。严重精神障碍大部分或急性发病期经住院治疗稳定后都将回归到社区进行治疗康复,因此社区随访显得十分重要和必要。

一、严重精神障碍患者社区随访的重要意义

(1)观察病情变化,预防复发。如发现身体或精神异常,及时给予家属一些建议,调动社区资源,协助就医。

(2)健康教育和康复指导。强调精神疾病可治可控以及规律服药对控制病情的重要性,切勿自行减药和停药等。根据患者的个人情况,与患者和家属协商,制定康复计划,帮助患者恢复正常生活,甚至工作。

(3)给予患者和家属心理支持。精神疾病是一个慢性病,需要长期的照料,家属心理难免会失衡。定期随访,可以在随访中作倾听者,理解、关爱、鼓励他们,尤其是家属,给他们的心灵补能,再把这种能量在以后的照料中传递给患者。

（4）维护社会公共利益，防治不良事件发生。有效的社区随访服务及干预措施，可以防范肇事肇祸事件的发生。

二、社区随访中常见的问题解答

1. 家庭团队篇

（1）为什么要让家庭医生团队参与严重精神障碍的社区随访？

严重精神障碍服务管理是国家公共卫生项目之一。对严重精神障碍患者进行定期随访也是对全科医生能力考核的一项重要指标。家庭医生团队由全科医生、公共卫生医师、护士组成，可以为患者提供全方位的健康教育、服药指导、社会功能训练、心理疏导以及危机干预等服务。

（2）严重精神障碍患者或家属不配合随访怎么办？

首先，要理解患者。很多患者都会有病耻感，不愿意面对自己的病情；有些家属担心别人知道患者的病情，不利于患者生活、找工作或是结婚等。还有一个原因是患者或家属对医生还不够信任，不确定医生能帮上什么忙。初次随访时，应告知一些救治救助政策，不深入探讨精神疾病问题，只做普通随访，与患者进行家庭医生签约，在后续的医疗保健中提高相互的信任度。

（3）怎样高质量完成随访，让患者接受度高？

要想完成高质量的随访，既需要全科医学的知识、技能和态度，还要有精神病的基本知识和与患者沟通的技巧，譬如早期识别精神疾病的复发先兆、精神疾病常见的药物不良反应识别及初步处理等。随访中避免简单重复机械的话语，如每次都是"最近好吗？药吃了吗？"等，多使用一些开放式提问。

2. 村居委精防干部篇

（1）业主投诉有疑似精神障碍患者，怎么处理？医生能上门诊断吗？

对于疑似精神障碍患者，可以联系家属带其去精神卫生中心就医诊治或排除；如果家属不配合，又发生危害他人安全或公共安全的行为，可以请社区民警协助送医治疗。目前的政策不支持医生上门诊断，一是人员有限，二是上门服务不能解决问题。

（2）社区在册管理的严重精神障碍患者突然发病，居委该怎么办？

如果发生在公共场所，首先须疏散人群，不要围观；安抚患者，稳定其情绪；联系监护人，通知赶紧到达现场；了解患者情况，现场做风险评估，评估等级为3级以上的可以拨打110请求协助强制送医治疗。

（3）如何消除群众对严重精神障碍的歧视？

群众歧视严重精神障碍患者主要有两个原因：一是对严重精神障碍患者有误解，认为这类患者都是疯子，会有过激行为，会伤害别人，其实伤害别人的只是极少数；二是单纯的恶意，这种恶意，可能是对精神疾病患者，也可能是对智力障碍患者，甚至是残疾人等这类弱势群体，他们都会歧视。

消除这种歧视，任重而道远，需要我们不断地加强对精神疾病知识的教育和宣传，使人们正确认识精神疾病，减少人们对精神疾病的负性评价。

最重要的是规范管理严重精神障碍患者，与家属多沟通，多帮助，多关爱。只有患者病情稳定，生活能力、工作能力恢复，周围人群感受不到患者的异常行为和举动，才会真正接受他们，从而做到不歧视。

3. 患者和家属篇

（1）患病后能否结婚生子？

精神分裂症、双相情感障碍等精神病患者大多在青壮年期发病，因此，不少家属都为患者能不能结婚生子担忧。精神病患者是可以结婚的，但需满足两个条件：一是精神疾病已经痊愈，患者能适应社会生活和恢复正常工作、学习；二是 1 年以上没有复发。必须提醒的是，在患者结婚之前，应让对方了解到患者曾患过精神病，对方经过深思熟虑后在完全自愿的基础上结合，这有利于以后的生活、工作及病情稳定。婚姻法对此也做出了相应的规定，在发病期结婚或向对方隐瞒而婚后复发的可以视为无效婚姻。家属对患者的婚姻问题一定要慎重考虑。

符合上述结婚条件并已结婚的患者，对于生育孩子的问题，应向医生咨询遗传风险。如果风险太高，则最好不要生育；处于发病期的，暂时不能生育；有的药物有致畸胎的副作用，在服药期间也不宜生育。具体应综合个人的病情、所服用的药物种类、家族史等在医生的指导下考虑怀孕的事情。

（2）如果监护人年事已高无监护能力，患者怎么办？

很多家属都有这样的顾虑。如果家属无监护能力，可以变更监护人。监护人更换指监护人无力承担监护职责时，经其请求由有关单位或法院更换他人为监护人。监护改变的方式有三种：一是法定监护，无民事行为能力或限制民事行为能力人的法定监护人的范围顺序是：配偶、父母、成年子女、其他近亲属、关系密切的亲属或朋友，精神病患者所在单位或住所地的居委会、村委会、民政部门；二是指定监护，有法定监护资格的人之间对监护人有争议的，由监护权力机关指定监护人；三是委托监护，可以是全权委任，也可以是限权委任，如将患者委托给精神病院照料。

（3）发病期间，发生砸物伤人，需要赔偿吗？

根据相关法律规定，精神病患者砸坏他人财物，是需要承担民事赔偿责任的，而赔偿的责任由精神病患者的监护人来承担。

如果患者伤人，应当赔偿医疗费、护理费、交通费、营养费、住院伙食补助费等合理费用以及因误工减少的收入；造成残疾的，还应当赔偿辅助器具费和残疾赔偿金，造成死亡的，还应当赔偿丧葬费和死亡赔偿金。

患者如果自己有财产，就从这部分财产中支付赔偿金，如果没有财产就由其监护人赔偿。

结束语

社区随访是严重精神障碍服务管理的重点之一，患者监护又是患者病情稳定的重要一环。在社区服务管理中当以人为本，在管理患者的同时，也关注患者家属的心理需求，帮助他们了解疾病，强调及时、早期、规范治疗的重要性，减少焦虑、抑郁等心理问题的发生。多部门应紧密合作，齐心协力帮助患者康复，促进社会和谐。

作者介绍

▶ 赵丽萍

上海市浦东新区三林社区卫生服务中心 全科主治医师；

国家二级心理咨询师；

从事社区卫生服务工作近 10 年，擅长社区严重精神障碍服务管理及大众人群的心理健康宣教。

儿童青少年拒绝上学背后的
心理因素和干预

一、儿童青少年拒绝上学的概念、表现以及当前的现状

拒绝上学（school refusal，下称拒学）指的是 6~18 岁儿童及青少年由于心理的、社会的原因（身体疾病和经济贫困除外），主动地拒绝上学或难以整天坚持在课堂学习的现象。不仅包含长期不上学行为，也包含那些在胁迫下上学的行为，多数学生经常表现出波动的上学模式[1]。拒学是一个复杂性的、世界性的社会问题，后疫情时期这个问题越来越凸显，广泛存在于欧、美、亚洲一些国家，这对未成年人的心理健康、职业生涯和社会适应存在直接的影响[2]。

拒学被定义为由情绪障碍引起的儿童及青少年不能正常上学，并出现回避上学的行为问题。1996 年，Kearney 和 Silverman 提出拒学比较具体的症状学特征包括[3]：

---

[1] 徐逸杰, 薛博文, 骆宏, 等. 青少年厌学的流行病学现状[J]. 健康研究, 2022,42(3):241-245.

[2] AL HUSNI AL KEILANI M, DELVENNE V. Inpatient with an Anxious School Refusal: A Retrospective Study. Psychiatria Danubina,2021, 33(Suppl 9): 69–74.

[3] BERNSTEIN G A, HEKTNER J M, BORCHARDT C M, et al. Treatment of School Refusal: One-Year Follow-up[J].J AM ACAD CHILD PSY, 2001. 40(2): 206-213.

（1）完全不上学；

（2）上课时间中途离开学校；

（3）出现回避上学的行为表现，比如早晨起床发脾气、表现出躯体化症状(头痛、腹痛和呼吸困难等)、哀求父母允许他们不去上学待在家里。

Kearney 等根据拒学严重程度将拒学分为七个等级：

（1）威胁或哀求不上学；

（2）早上反复出现回避上学的行为；

（3）早上反复耍赖，需要陪同上学；

（4）偶尔不上学或缺课；

（5）反复交替出现不上学或缺课；

（6）在一个学期中的大部分时间完全不上学；

（7）完全长期不上学。

二、儿童青少年拒学行为的原因分析

导致儿童、青少年拒学行为的原因可能涉及多方面，最重要的是与各种情绪困扰相关。拒学行为是众多不同方面的因素交互叠加综合影响的结果[1]。

1. 儿童青少年个人因素

（1）先天气质或个性特征：内倾、胆小，腼腆，高敏感性等特质。

（2）心理疾病或症状：拒绝上学与儿童、青少年心理问题有着

---

[1] HAVIK T, INGUL J M. How to Understand School Refusal[C].Frontiers in Education. Frontiers Media SA, 2021, 6: 715177.

密切的关系，如情绪障碍、社交焦虑障碍、躯体化症状（头痛、心慌、胸闷、腹痛、肌肉紧张、难以起床、入眠困难等）。

（3）个人对环境适应能力：个体的社会交往能力不足，以及个体不适当的社会化过程会引发诸如自卑、缺乏安全感、不良情绪及不良的应对行为。

（4）对自己和周围的不良认知及感受：学业中高期待与低动力、高挫败感与低成就感，会导致个体在学习过程中的负性自我效能感。

（5）不良经历或长期压力的影响：儿童、青少年成长过程中经历过的来自家庭、学校相关的不良经历，或者长期面临的来自家庭或学校相关的高期待压力，都会给个体造成深远影响。对神经系统仍处在快速发育中的儿童青少年，长期的压力会对神经生长、迁移和分化产生深远的影响。

2. 家庭因素

儿童及青少年的拒学行为与主要抚养人的性格及情绪特点、亲子关系、父母的养育态度、家庭气氛、家族成员间关系等方面都密切关联。家庭过分溺爱或过度控制与苛责、亲子关系紧张、孩子不被理解、亲子沟通不畅、家庭高期待、家庭信息传递不足等，以及家长过于重视孩子的学习而忽略了和孩子的沟通，均会在不同程度上促使孩子对自己产生负面认知、无成就感。低自尊，给子女带来心理上的巨大压力。在个体的期望和挫折间形成心理冲突，可能导致个体出现各种情绪、躯体问题，从而导致拒学行为。

3. 学校及同伴关系因素

进入青春期的孩子开始探索自身的价值、意义，开始发展自己的观点，内心非常敏感，特别关注周围人怎么看待、对待自己。

学校是除家庭以外他们的主要活动场所,所以,儿童青少年所处的校园文化、氛围,学校的授课模式,与老师及同学的关系都会对个体产生多方面的影响:儿童青少年对自己的认知、情绪、行为,在学校、班级的集体效能感、归属感等。如果儿童青少年不认同学校的氛围或校园文化,或不能适应学校的授课模式、课程设置,在群体中感受到负面的师生关系、同学关系,甚至感受到来自老师或同学的压力或欺凌,会恶化孩子在学校的处境,会导致儿童、青少年对自己认知的混乱、冲突,产生对学校的负面认知或恐惧。

4. 社会因素

社会普遍存在的升学焦虑与压力;互联网及电子产品的高度普及化,即刻满足的愉快感;贫困社区生活成本的支出压力;群体社会化对儿童青少年的影响;负性生活事件以及社会支持系统的匮乏的影响。

三、儿童青少年拒学行为的危害性

儿童青少年拒学产生的危害涉及个人、家庭、学校与社会多个层面。

1. 个人层面

拒学问题会给儿童、青少年带来短期和长期的影响。短期影响包括学习成绩下降、社交退缩、自我负面评价、抑郁情绪、家庭冲突等。长期影响包括中断学业、不能顺利升学、早期辍学风险、低文化程度、不能独立生活,导致某些社会功能损害,加重情绪问题,增加自伤、自杀、罹患重性精神疾病的风险。

拒学的学生不能获得有效的教育经历与成就,最终可能会导致其成年后的社会适应问题,如较低的社会地位与经济收入,家庭承担能力不够、失业、婚姻破裂,甚至造成不良的社会生活方式,如酗酒、吸毒、赌博、轻微犯罪与侵略行为等。

2. 家庭方面

(1)影响家庭关系:拒学会给家庭成员之间的关系带来不良影响,家庭成员之间的沟通可能会受到影响,会引发家庭成员之间的冲突,家庭成员之间的支持可能会减弱。

(2)家庭教育受挫:拒学会给家庭教育带来不利影响,家庭教育可能会受到抑制,家庭成员的教育水平可能会降低。

(3)家庭经济受损:拒学会给家庭经济带来不利影响,增加家庭教育成本支出,家庭经济可能会受到损害,影响家庭的发展。

(4)家庭成员的健康受损:拒学会给家庭成员的健康带来不利影响,家庭成员可能会出现心理和身体上的问题。

3. 学校管理方面

拒学会增加学校的管理障碍,提高了学校的管理成本;会增加教师的工作压力;学校针对拒学的某些特殊矫正待遇也会促使其他学生和家长怀疑学校教育的平等性,进而还会引发家校冲突;可能会影响学校的教学质量,影响其声誉。

4. 对于社会而言

学生拒学短期内会提高社区管理的监控和服务成本,长期还会塑造一个具有低劳动力底层群体,继而增加了社会福利支出、社会监控成本,并形成不良的社会底层文化。长期拒学所形成的辍学,最终还会导致义务教育难以普及。

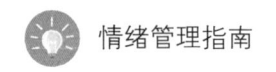

四、对儿童青少年拒学行为的干预

现有研究显示，对于儿童青少年拒学行为应进行有效干预，提倡早发现、早评估、早干预、综合干预。综合干预包括针对有拒学行为的儿童及青少年个体的干预，家庭干预，学校社会干预等。

1. 个体干预

个体干预包括心理干预、技能训练、情绪调节和药物干预。心理干预包括了解拒学原因，重建儿童青少年不良认知，提高其任务管理能力，强化个体积极体验，提升学习动机，提高自尊心及自信心。与拒学密切相关的社交焦虑因素应予以更多的关注，提供儿童、青少年相应的人际交往技能训练，提高其在学校的归属感。如果存在校园相关的隐性创伤事件，必须处理创伤带来的负性体验；针对存在的心理问题必要时进行相应药物治疗。

2. 家庭干预

针对个体存在的不良家庭功能，相应地调整家庭关系，加强亲子情感连接、改善亲子间沟通，以及引导儿童、青少年规则意识；家长给予儿童青少年积极肯定，赋予合理期待；帮助家庭更好地、深入地理解孩子，真正地关怀、共情、理解和帮助孩子，做一个敏感而有力的家长。

改善儿童青少年拒学行为必须有家庭的协同。指导家长更科学地养育孩子，除了学习成绩之外，更应着重培养孩子良好的社会适应和交往能力，促进孩子自主性的发展以及被信任的体验，提高家庭有效解决问题能力有助于减少情绪的过度投入，以减少心理行为问题的发生和发展①。

3. 学校的干预

提高学校对儿童、青少年拒学行为的重视，尽早发现，尽早介入。学校方及时了解拒学儿童、青少年的可能原因，及时做出学校层面积极的调整，并在学校层面给予儿童、青少年及时正面引导和恰当支持，提高其个体对学校的正面感受。可以弹性地调整存在厌学、拒学孩子的作业要求，降低其作业相关的压力。替代教育环境提供了一种支持模式，可以为儿童、青少年提供一个更安全的环境②。

---

① HEYNE D. Practitioner Review: Signposts for Enhancing Cognitive-Behavioral Therapy for School Refusal in Adolescence[J]. Zeitschrift für Kinder-und Jugendpsychiatrie und Psychotherapie, 2022,s1(1):61-67
② KOSE S, BAYKALB, BAYATK. Mediator Role of Resilience in the Relationship between Social Support and Work-life Balance[J].Australian Journal of Psychology 2021,73(3):316-325.

情绪管理指南

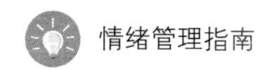

作者介绍

▶ 胡满基

精神科主任医师；

北京医科大学本科；

同济大学医学硕士；

中国心理学注册系统注册心理师（注册号：X-22-032）；

B级沙盘游戏治疗师；

荣格心理分析师受训中；

中国EMDR学组注册治疗师（编号：201802）；

中国心理卫生协会首批注册心理咨询师（编号：xxzz-2021-569）；

上海医学会儿少精神医学组委员；

中国EMDR创伤心理治疗学组成员；

中国药物滥用防治协会青年专家委员会首届委员会委员；

主攻心理创伤经历对个体心理的影响与治疗。擅长创伤心理治疗，创伤视角下对抑郁、焦虑、注意力不良，以及亲子关系不良的心理治疗；青少年不良情绪与网络过度使用行为治疗等；

科研及成果：市级项目1项，以一作或通讯作者在国内期刊发表论著11篇，SCI/SSCI 5篇，影响因子共计23.586分。

依恋：理解家庭互动的钥匙

东亚文化常被认为相对更重视家庭关系。随着近代对个体的关注逐渐增加，人们对于"关系"的感受则变得更为复杂。关系既带来温暖与支持，往往也蕴含着矛盾与冲突。在网络世界极大丰富的现代社会，有些时候，甚至让人们觉得离网络世界里的他人更近，而离家人更远。某些时候，人们又意识到家人是难以割舍、不可替代的存在。无论是爆发冲突还是回避冲突，似乎都是对关系极大的挑战，更加积极的方式是合理理解冲突的缘由、发展与解决。当谈论到人与人之间的关系及其心理互动过程时，依恋理论是非常有用的理论之一。本文将简要介绍依恋理论的相关内容，并分析如何将其应用于对家庭关系理解和处理之中。

一、依恋是什么

1. 依恋关系

依恋理论最早由英国的精神科医生和精神分析学者 Bowlby 提出，随后 Ainsworth、Main 和 Fonagy 等重要的心理学家进行了一系列的推进与发展，成了如今我们所了解到的模样。Bowlby 从对动物幼崽、人类婴幼儿的行为观察中发现，生物具有寻求亲密的需要，特别是寻求与照料者之间的亲密需要。这是一种本能的需要，是为了保证自身情绪的安全和生活的安全，从而让自己能够在环境中存活下来。为了维持和照料者之间的亲密关系，婴幼儿甚至会将威胁这一情感纽带的情感和行为都排除出去。先天、生物驱动的依恋系统实际上是具有可塑性的。此外，个体依恋行为在品质上的差异与照看者的行为差异有关。能够发展出一段高质量的依恋关系，对于婴幼儿的身体与情绪的生存发展极为重要，也是目前社会上逐渐增强了对家庭养育关注的最主要原因。

有一点需要澄清的是，往往认为依恋对象是母亲，因为她们似乎天然具有与婴儿亲近的天性和角色定位。这并不意味着一定需要母亲完成这一角色任务，为婴幼儿提供依恋关系，而是所有的亲密照料者都可以成为发展依恋关系的对象。也就是说，父亲完全可以承担同样的"任务"。那些更多照料婴幼儿的人，都有可能和婴儿发展出依恋关系。甚至，许多小家庭会从父母长辈、保姆等处获得帮助，这些人都可以与婴幼儿建立安全的、高质量的依恋关系，以团体的方式和孩子建立关系。这样做的好处是，不必由某一个体完全承担育儿的情感和行为任务；而缺点是，引入不同的个体时，见解的不同与矛盾就会出现。

强调依恋关系的重要性，那么它的重要性对于婴幼儿来说体现在何处呢？首先，正如前文所述，和照料者保持亲近，让婴幼儿能够更易获得安全的环境和安全的感受，从而存活下来。其次，婴幼儿将对这段关系的安全体验作为一个基地，敢于从这个基地出发去探索新的世界，而不担心被抛下。在养育的过程中，可以观察到孩子可能跑开玩一阵，会不断往回看或者再跑回来确认养育者（通常是妈妈）是否站在那里看着他/她。通常将依恋关系，以及依恋对象所处的位置称为安全基地。此外，若孩子在探索的过程中遇到了困难和危险，他/她会逃回安全基地，寻求保护和帮助。随着孩子不断在经验中习得，当遇到困难时可以求助，充分相信安全基地里是会有人帮助他/她的，从而形成了一种依恋可获得性的感受，害怕和无助感淹没的体验就会逐渐减少，内心世界也逐渐变得稳定和勇敢起来。正是这些过去生活所获得的内在的良性情感体验最终汇聚成所谓的安全感。个人对于过往生活经历的体验比过去真实发生了什么更为重要。因此，心理工作者往往更关注个体的内在真实而非客观事实，因为它决定了情感体验。

2. 依恋关系的类型

Ainsworth最重要的贡献在于发现了生物性的依恋关系会受到养育环境与质量的影响，并通过陌生情境实验对12个月大的婴儿进行评估。在这样的实验情境中，孩子在一个充满玩具的房间经历不同的情境，与妈妈共处一室、妈妈离开房间、出现陌生人、妈妈重新回到房间。实验员会观察孩子在不同情境中的行为反应，并从中发现了不同的婴儿依恋类型：安全型依恋、回避型依恋和矛盾型依恋。依恋类型并非完全依据婴儿与妈妈相处的表现，更多的是依据他们与妈妈分离后重聚的反应而划分。

安全型依恋的婴儿，在感到安全的时候，能够展现出向外探索的能力；而感到不安全的时候，愿意寻求依恋对象的情感安慰。虽然和妈妈的分离依然会使他们难过，当重聚时他们的难过能够表达和较快、较容易地被安全感替代，而再次投入玩耍。

回避型依恋的孩子带给人的感受是异常的平静，他们似乎分离时没有那么痛苦，重聚时也没有那么欣喜，展现出一种平稳的情感，似乎有些冷漠。然而，实验研究却发现，事实并非如表面看上去那样，他们的心率是加快的，皮质醇的水平也明显高于安全型的婴儿。所以，即使他们没有通过各种方式展现他们的痛苦与难过，他们却实际在经历与体验着这些情感体验。以往的心理学者认为，这正是婴儿的一种防御性的反应，仿佛不去体验这些痛苦的情感就不存在，也认为自己索取安慰和照顾是无法改变当下的状况的，因此对现实表现出无动于衷的样子。

矛盾性依恋会有两种表现，一部分婴儿会表现为过于愤怒，难以安抚，在重聚时会极力抗拒和母亲的亲近，甚至试图挣脱母亲的怀抱；而另一部分婴儿则显得过于难过，他们似乎显得极度无助、柔弱，无法接受任何的分离，渴望时刻黏在妈妈的身边，对外部的世界一点儿兴趣也没有，也不想进行任何探索。无论是哪一种，好像分离都会给他们带来极大的痛苦感受，可能是愤怒，也可能是难过。这些感受都是压倒性、淹没性的，是令人绝望的，似乎他们久久都不能从分离的痛苦中恢复过来，过分放大了对于依恋的需求，从而限制了自主性的发展。

也有学者补充了一些新的发现，提出了混乱性的依恋。具有这种模式的婴幼儿更多的是当父母出现时，出现了一种混乱的反应，似乎感受到的了惊吓，但是又向父母寻求爱的满足。往往认为是虐待和丧失的经历造成这种混乱的反应。因为婴儿不得不把父母当作安全基地，但是又同时感受到父母会带来伤害和危险时，较容易出现这种反应。仿佛在重遇父母的一瞬间，他们感受到了矛盾和解体，感觉爱又感觉到惊吓，不知道该如何反应。

二、家庭关系中的依恋

1. 家庭关系在依恋中的作用

由于依恋理论帮助人们对于婴幼儿早期的心理与行为反应有了更为细致的观察与了解，人们很自然地想到要将其应用于家庭养育，提升亲子关系质量。在心理咨询的过程中，咨询师与来访者之间的咨访关系常被认为是咨询起效的极为重要的影响因子，正是因为，良性的互动关系及其带来的体验对于心理能力的发展是极为重要的。沟通与互动的质量决定了关系的质量，因此，婴儿是否感受到安全，更多地还是取决于在养育的过程中，父母是如何与之沟通的。

深入理解依恋关系与安全基地的发生过程，能够发现稳定、关注与照料是婴儿在与依恋对象相处和外出探索的发展过程中，依恋对象所发挥的最核心的功能。依恋者持续的存在对于婴儿来说本身就是一件具有安全价值的事，所以孩子在探索的过程中，会不断通过各种方式——可能是呼唤，可能是视线的搜寻，可能是跑回身边——来确认依恋对象的"在场"。这种"在场"是他们无论何时想要与对方发生联结都能够实现的保证。其本身是具有意义的，即便没有任何言语。

2. 回应孩子的需求

出于天性，绝大部分父母自然会对孩子倾注自己的关注。然而，是什么影响这种关注的质量呢？是父母有多大程度上能够"看见"孩子真实的需求，而非从自己的角度出发所认为的孩子的需要。父母所认为的需要与孩子实际需要之间的差异，往往是亲子冲突发生的最主要的缘由。孩子可能通过言语或者非言语来表达自己的情感和需求。敏感的父母能够更迅速、更准确地体察到婴儿的需要。有些父母因为对自己的情绪、情感就较为不敏感，因此在和孩子相处的过程中更难体察到孩子的需要，有些父母更倾向于认为不应该轻易满足孩子的需要，因为他们正是如此对待自己的。

大家常说父母并非生来就是父母，这意味着，父母在一开始未必能够准确地观察和回应婴儿的需要。成为父母的过程就意味着照料者愿意付出耐心去观察孩子的反应，做出尝试性的回应，并基于孩子的表现调整照料的方式，修正自己的期待，更能够站在孩子的视角看待问题。在这过程中，父母看见和回应孩子需要的能力不断提升，孩子表达自我需要的能力也同样在提升。依恋关系更多的是一个过程，而不是结果。

如果说基础的照料如饮食喂养、健康照护，是父母们的共识，是公认孩子需要得到充分照顾的部分，那对孩子需求的回应则显得更为复杂。因为孩子在成长的过程中，有着各种各样的需要，也不可避免地受到不成熟的心理倾向的影响，孩子所有需求都应该满足吗？较为不良的反应，可能是父母无力拒绝孩子的需要而统统满足，哪怕是不合理的要求；有的父母则会否认和无视孩子的需要，身体力行告诉孩子"不，你并不想要"或"这不是你应该要的"，因此，在孩子心中留下混乱的感受，不知如何与围绕自己需要的冲动、情感相处。更为合理的方式是父母一方面要看到，接纳这种需要，让孩子知道产生需要，哪怕是不合理的需要也是很正常的，让他们因此知道自己是正常的、可以被接受的；另一方面，父母要区分什么需要是可以被满足的，什么需要是不能被满足的，因为这些需要可能会伤害到他人，或者违反原则性的社会规范。既要看到孩子的需要，肯定他们可以有需要，也要在这个过程中传递家庭与社会的规则。更重要的是传递一种信号：我能体会到你的感受，我能回应你的需求。

3. 多孩家庭的依恋关系

随着二胎及多胎家庭的逐渐增加，非独生子女家庭的亲子关系也受到了更多的社会关注。从依恋理论的视角来看，这个问题就显得简单了许多：父母如何在养育的过程中维持原有依恋关系的品质。大家常说要一碗水端平，公平似乎能够让孩子感受到满足。更为本质的还是，如何在互动中让孩子感受到父母还是原来的那个安全港湾，没有因为另一个孩子的存在而忽视自己的感受。这意味着父母依然要针对孩子的内在感受进行回应，并非只是维持表面上的公平。父母的精力是有限的，特别是在二胎及多胎的家庭中，父母要能够看到、接纳和回应更多方的感受，甚至有时候是相互冲突的感受。有更多的家庭成员参与进来，就应形成更多稳定的关系，如父亲母亲可以和每个孩子都形成较好的依恋关系，也可以轮流照顾不同的孩子，回应他们的需要，提升父母整体的回应能力。

当弟弟或妹妹要出生时，孩子通常会产生失落的感受，因为感受到父母的精力开始被其他的事情所吸引，原有的稳固的联结似乎发生了变化。原有的依恋关系如果足够稳固，更能够承受考验。从陌生情境实验可以看出，依恋不仅在于建立关系，还在于修复关系，较好的依恋关系能展现出较好的修复性。无论是与孩子讨论新的弟弟或妹妹的到来，还是公平地处理纠纷，都是向他们传递一个关键的信号——虽然将父母分给其他的手足，是一件令人痛苦的事情，但是孩子相信当我需要的时候，父母还是爱我的，是会回应我的需要的。

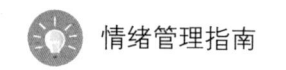

4. 依恋对家庭关系的影响

理解了依恋的理论，就能明白孩子感受到变化，会展现出一定的退行，想要重新吸引父母的关注。这是可以理解的，因为他们需要重新确认安全基地的稳定。每当孩子展现出一定的"失序"时，父母首要的任务往往是修复和强化依恋关系，这对协助孩子战胜这一挑战是十分重要的。这里的修复更核心的是站在孩子的角度，稳定地看到与回应他们情感的需要。

学习依恋理论并非只是为了协助父母成为更好的养育者，它还具有另一方面的价值。基于不同的家庭养育环境，婴幼儿和父母会形成具有自身特色的家庭互动关系，这种互动关系的起点便是依恋关系。在这一特定的关系中，个体逐渐形成自身的情绪情感方式、行为表现和问题解决模式等，最终形成所谓的个性特质。这形成了日后社会生活和家庭生活中，个人言行方式的"底色"。可以说，未来的生活中，每个人无时无刻的表现都带有原有的色彩。当人们组建家庭、成为父母时就带着自身的色彩，这些色彩成为整个家庭互动中的一环。在所有的家庭关系，如夫妻关系、亲子关系中，都能看到成年人原有依恋关系的色彩。这些互动过程，尤其是重要的亲密和冲突的部分，更加受到不同个体的依恋关系模式的影响。若要讨论家庭关系，则必须了解不同个体不同的依恋风格。这也是为什么，人们常常怀抱着梦想建立小的家庭，期待全新的开始，期待改变，却同时感受到某些东西正在重复。

在养育孩子的过程中，父母同样会被激发原有的依恋创伤与焦虑，难以与孩子建立亲密的联结，或者建立了过于亲密以至于无法正常分离的联结。若父母曾经使用选择性回避的方式回应痛苦，则会在与孩子相处中变得更加焦虑和回避,因而他们对于孩子的回应是有偏颇的。在中国,长辈帮忙带孩子的情况还普遍存在,因此,祖父母与原生父母的冲突和依恋创伤会在共同完成育儿任务的过程中被充分地激发出来。有些人与父母分离,距离使得冲突变得缓和。但是,必须承认的是,许多冲突和失望,未必能完整修复,而这些负面的体验都会在新的育儿合作和考验中,不断被唤起,引发新的冲突。这也是隔代育儿冲突中不可忽视的影响因素之一。

5. 依恋对婚姻关系的影响

所有的亲密关系中都很容易看到依恋关系的影响,而婚姻关系也不例外。人们在缔结婚姻时,也期待婚姻关系可以修复原来的依恋问题,塑造新的、更好的、更令人满意的关系,对婚姻关系投入"过去"的期待。依恋的感受既有能够言语化的部分,也有难以言语化的部分。当过往的伤心、失望与愤怒被唤起时,感受可能是非意识层面的,难以用语言清晰表达,隐匿地发挥作用。当伴侣不能以较好的或者更加符合期待的方式回应自己的需要时,原有的依恋创伤也容易被激发,往往出现被认为是不加思考就冒出的激烈情绪或冲动行为,使夫妻之间产生情感的冲突与矛盾。如果这一部分体验和感受能够被意识到,并且通过言语表达出来,在修复性的谈话中充分地沟通,就能提高对自身和对方的情感的反思能力,展现出更多的弹性和较少的恶性冲突。原有的依恋模式并非一成不变,更多的良性沟通能够让原有的依恋关系中不足和固化的依恋模式发生变化和改善,从而拥有更好的关系体验。

作者介绍

▶ 冯莹

哲学心理学博士，UCLA访问学者；

上海市浦东新区精神卫生中心（同济大学附属精神卫生中心）社工部心理咨询师；

研究方向为心理病理学理论，社会精神病学，精神病学人类学等交叉领域，发表论文多篇。参加600+小时的心理咨询实践经验，接受了精神动力学和家庭治疗的培训，擅长从个体-家庭-社会的综合视角开展专业的工作。

社会支持对于心理健康的重要意义

个体是生态环境的一部分,来自各方的支持极为重要。社会支持对人群的心理健康有着重要影响,其对个体心理健康的保护作用已被研究证实。脱离整体独立存在的个体将产生不同程度的身心问题。

一、什么是社会支持

社会支持的概念最早来源于社会病原学,与个体适应社会的方方面面联系在一起。从广义上来讲,社会支持是通过一组个人之间的接触得以维持社会身份,并且获得情绪支持、物质援助和服务、信息来更好地适应生存与发展的总和。社会支持的概念和操作,从不同的角度有不同的分类办法。宏观角度有三种:网络支持(一个人的朋友和家庭网络中的人数)、感知支持(一个人是否认为在需要的时候可以得到支持)、获得支持(一个人从别人那里得到的支持)[1];也有按照支持的主体不同,分为:由政府和正式组织(非政府组织)主导的正式支持,以社区为主导的准正式支持,由个人网络提供的非正式支持,由社会工作专业人士和组织提供的专业技术性支持。

---

[1] GUNTZVILLER L M, WILLIAMSON L D, RATCLIFF C L. Stress, Social Support, and Mental Health Among Young Adult Hispanics[J]. Fam Community Health, 2020, 43(1):82-91. doi: 10.1097/FCH.0000000000000224. PMID: 31764309.

个体在日常生活中，既需要感知支持，也需要实际获得的支持；既需要政府与机构提供的正式的支持，也需要亲朋好友带来的非正式支持。无论以何种方式划分，对于个体来说，每种社会支持都不可能单独存在。社会支持的相互交叉、多层次补充是其主要的活动形式。

二、社会支持是如何发挥作用的

对动物的实验研究表明，应激情境可以诱发小白鼠的胃溃疡。但如果有同窝小白鼠或小白鼠母亲在场，小白鼠胃溃疡的发生率会大大减少。实验人员的安抚也可以达到同样的效果。但如果扰乱动物的社会关系，如模拟的社会隔离可导致动物行为的明显异常。

对于人类社会来说，数以千计的研究肯定了生活事件(或称社会心理刺激)对人的精神和身体健康的影响。社会支持不仅可以降低孤独感，增加心理弹性、自我认同和生活满意度，还可以减少由于压力、孤独产生的情绪及情感问题[1]。

支持性的社交网络有助于降低个人受负面事件和压力源的有害影响，还可以帮助个人最大限度地发挥积极事件和成就的作用。更简单一点的理解是，那些在社会上孤立的人在坏事发生时遭受的痛苦更大，而在好事发生时得到的收益比那些社会联系更紧密的人要少[2]。那么，具体社会支持是如何发挥作用的？下文介绍其作用机制。

---

[1] ZHOU Z, CHENG Q. Relationship between Online Social Support and Adolescents' Mental Health: A Systematic Review and Meta-Analysis[J]. J Adolesc, 2022, 94(3):281-292. doi: 10.1002/jad.12031. Epub 2022 Feb 28. PMID: 35390193.
[2] GABLE S L, BEDROV A. Social Isolation and Social Support in Good Times and Bad Times[J]. Curr Opin Psychol. 2022,44:89-93. doi: 10.1016/j.copsyc.2021.08.027. Epub 2021 Aug 31. PMID: 34600413.

1. 稳固亲密关系

生活中,我们会面临来自方方面面的挑战,迎接挑战努力奋斗的过程有成功,有失败,有困境,有各种各样好的或坏的可能性。当生活的压力给我们带来了很多的不安全感,大大剥夺我们的情感和关系时,这种心理反应也会进一步被我们的身体所觉察,形成负性环路。这个时候,一段稳固的亲密关系能够帮助我们看到自己的局限,帮助我们打破负性循环,创造更多的可能性。

社会支持不仅仅是种单向的关怀或帮助,它在多数情形下是一种社会交换,是人与人之间的一种社会互动关系、社会关系的帮助、人们联系的方式以及支持网络中成员间的资源交换。在互动的过程中,个体会加深对支持双方的连接。个体对其人际关系密切程度及质量的一种认知与评价,是人们适应各种人际环境的重要影响因素。当感受到社会支持,经历被爱、有价值感以及被他人所需要时,就成了一种在社会环境中促进人类发展的力量或因素。

你需要别人的帮助,因为你也会在别人需要帮助的时候伸出援手。因为每个人都有被人需要的需求,在你帮助别人同时,自己也会获得价值感,得到滋养。"授人以鱼不如授人以渔",个体的价值感不仅来源于亲密关系的获得,更来源于激发个人和群体互动关系的内在动力,这种动力让我们获得了一起去面对和度过生命中困境的底气和安全感。

2. 结构的复合

当今社会经济的快速发展也引起了社会各方面的变化,对于问题的社会主动性补偿又存在滞后性,必然会引起个体的不适应问题。

社会支持可以让个体社会网的规模、密度、关系构成、关系强度、异质性等方面得到加强；原本稀疏的、单向的网络得到链接与复合，帮助个体应对困境。例如，一个相对贫困的家庭，需要脱离困境：在国家层面，普惠层面首先考虑提供一定的物质支持，直接的物质支持可以帮助家庭应对暂时生存的问题，解决燃眉之急，但现实困境的个体和家庭面对的不仅仅是物质上的困难，伴随而来的也有很多的抑郁、焦虑、害怕等负面情绪，此时，对于心理层面的支持也是必不可少的。疏导个体的情绪困扰、构建现实问题应对策略、增加支持的强度与范畴，最终的目的不仅仅是问题的解决，在很大程度上也能够促进个体的成长。在这种情况下，支持的复合型就显现出其重要性。

社会支持对于个体另一个重要的作用是促进个体社会结构的复合，这对于社会中的个体实现功能是必要的。因为任何一个个体都不可能单独存在，需要的支持也是多样的、结构化的。

3. 整合社会资源

无论从哪个学科来定义，社会支持都是一种资源的整合，可以帮助人们拓展应对困难的正式（如政府、社会组织）与非正式（如朋辈群体、网络）的资源。社会支持可以把个体的资源从一元化向多元化转变，整合会形成资源内部的流动，总体体现了各个支持的分化与互惠的趋势。举例来说，如果从 A 那里得到了物质的支持，那么 B 提供的更多的可能是非物质支持，这种分化是无意识的。

社会支持也是互补互惠的，是一种整合的作用。所谓互惠，指合作各方都应当从联合中获益。互惠的基础是支持的各方在共同目标上的共识。从微观的角度来说，个体主动寻找的社会支持也降低了社会资源整合的成本；从宏观的角度来说，帮助个体摆脱困境是家庭、社区、社会共同的目标。因此，社会支持对于整合社会资源有着来自个体和社会的动力，是个体与社会发展趋势的需要。

三、怎样寻找社会支持

1. 提升寻找支持的意识

每个人在社会上都离不开与他人的相互配合，共同发展。人与人之间的亲密互动、相互支持是社会支持的本质，在帮助他人的过程中产生。

常会有人说，你说的道理我明白了，我也很想找人分享，可是无从下手，我找不到人和我同甘共苦。其实，这个问题非常重要，它提出了人际关系里一个非常基本而重要的问题：你愿意去寻找社会支持吗？

在中国传统的教育当中，自力更生是优秀的美德，我们一直被教育能够自己解决的事尽量不要麻烦别人。所以，很多人的意识中，向别人求助是一件很羞耻的事。

首先，要有建立社会支持系统这个意识，意识到社会支持系统的重要性，愿意在上边花时间和精力。

其次，我们要学会真诚地向他人开放自己，学会分享：不仅仅是快乐的时候要与人分享，在遇到困难、自己独立解决不了问题的时候也要不耻于向他人倾诉和求助。当然，力的作用是相互的，平时我们也要乐于接受别人的分享，在别人有困难需要援手的时候也不要吝啬，做到量力而行、给予他人支持。另外，在人际交往中，平时我们就应懂得并学会体贴、关心、帮助他人，懂得和人分享生活点滴，做一个有生活情趣的人，这样你的社会支持系统就能慢慢建立并稳固。表面上看，我们每个人的社会关系系统组成都差不多，无非是父母手足、同学同乡等。但在实际生活中，我们很容易就能发现，每个人从关系中获得的支持与帮助其实有很大的差异。有人可以在他的个人支持系统中与他人共享生活，如鱼得水，成功时有人锦上添花，受挫时能感受到雪中送炭的温情；而有些人则不然，他们虽然也拥有客观存在的关系网络，社会支持质量却比较糟糕，陷入困境常常也就等于陷入孤立无援的境地。所以，获得支持的前提是要重视支持的作用，有意识地去寻找和利用支持。

2. 关注正式的社会资源

在不同的区域，寻找资源的方向可能是不太一样的。根据我们所在的城市和区域，可以知道这个城市大体的社会资源的发展状况。例如信息化水平较高的大城市，大部分的政府机关、社会组织等主导的社会帮助资源都会公开并接受社会监督。我们可以根据需要在官网上搜索，通过官方渠道查询资料，再深入了解。

3. 利用好非正式资源

那是不是说信息化没有那么发达的地方就没有社会资源了呢？恰恰相反。因为在人口流动性比较低的城市和地区，相对来说，非正式的社会支持系统是通过一种比较自然的方式形成的，可及性更强。例如早些年，五六十年代出生的人，他们可能在村里面跟自己的一些邻居的关系是非常好的；城市里的社区居委会相对来说跟社区居民比较熟悉，也可以成为支持的来源；一些单位、机构的领导、同事，也可以成为说说工作与生活烦恼的好对象；企业的工会组织，在很大程度上也可以帮助职工摆脱困境；一些具有共同兴趣爱好的团体也可以是你的资源,例如无人机兴趣小组、摄影班、街舞社团等。在这些关系的体验都可以用来帮助我们成长和改变。有时候,非正式资源提供支持的速度反而会比社会支持机构和组织更快,支持的范围更广。这些都是资源,只是有些时候我们不太明白他们的工作方式,导致我们没有很好地加以利用。

4. 重视亲密关系的作用

与父母或是伴侣同住,还是自己独居或跟别人合租,或者住在公司宿舍?相对来说,与家人或与伴侣同住,是比较容易获得支持的。

跟核心家庭关系怎么样?是比较疏离,还是很紧密呢?谈话聊天多不多?有没有一种很安全地被接纳的感觉?还是说,跟自己爸爸妈妈的关系不是很好,反而跟姑姑、婶婶、叔叔、侄子、外甥等关系比较好?其实这些都可以成为我们的支撑。

如果自己独居、合租或是在公司宿舍跟同事一起住,那和周围的人的关系怎么样?熟不熟悉?在自己有困难的时候会不会找他们去商量或者是谈话?很多时候,我们反而害怕和身边的人展示自己的脆弱,总是留最坚强的一面给最亲近的人。这样恰恰让我们远离了最愿意帮助我们、最容易获得的社会支持。

结语

在人的一生中,经常会遇到许多意想不到的生活事件,可能这些事件有极大的出乎意料性、突然性,并且可能导致个体丧失应付能力。学会寻找社会支持和帮助,帮助个体应对紧急时沉着、遇事不慌,增强应激的耐受性,对受支持者有如雪中送炭,让他们从中得到帮助,看到希望,获得勇气。

作者介绍

▶ 陈燕华

浦东新区精神卫生中心社工师、心理治疗师、心理测量师，临床工作10余年；

专业方向：医务社会工作、临床心理治疗；

培训经历：接受中德心身医学学院心身医学和心理治疗高级培训、"焦点短期"治疗课程、中美情绪障碍儿少的父母干预培训等专业训练，并长期接受督导；

教学：长期从事医务社会工作的教学工作，制定教学计划，完成上海海洋大学社会工作专业本科生、上海师范大学社会工作专业研究生的实习带教、项目指导、论文构思等教学工作；

科研：上海市浦东新区精神卫生中心优秀青年人才项目、浦东新区卫生健康委优秀青年人才项目培养计划培养的优秀青年医学人才，科学研究上参与过十余项课题，近3年发表心理健康相关SCI及核心期刊论文十余篇。

我 Emo 了，是得抑郁症了吗

一、青少年抑郁症离我们远吗

抑郁症是一种全球性常见疾病，发病率约为 3.8%[1]。在中国，抑郁症的患病率为 2.1%，并呈现上升趋势[2]。《中国国民心理健康发展报告（2019—2020）》的数据显示，我国青少年抑郁症的检出率为 24.6%，其中，重度抑郁的检出率高达 7.4%[3]。这意味着，平均来看，在一个约 50 人的中学班级里，就有 12 名同学有罹患抑郁症的可能性，其中，有 4 名同学可能会是重度抑郁。

青少年正处于身心快速发展的时期，也是生理和心理成熟的过渡时期。这一时期的青少年有其特殊的心理特点，比如，情绪和情感的变化较为迅猛。此外，在激烈的社会竞争背景下，父母具有望子成龙的心理期望，也会给青少年带来巨大的心理压力。这导致青少年时期成为抑郁症等情绪精神障碍的易发期。青少年时期的抑郁症可能表现为成绩下降、学业表现低下、情绪低落、人际交往问题

---

[1] 世界卫生组织.抑郁症[OL],2021.https://www.who.int/zh/news-room/factsheets/detail/depression#cms.
[2] 中华人民共和国中央人民政府.健康中国行动（2019—2030 年）[OL],2019. http://www.gov.cn/xinwen/2019-07/15/content_5409694.htm.
[3] 傅小兰,张侃,陈雪峰,等.心理健康蓝皮书：中国国民心理健康发展报告（2019—2020）[M].北京：社会科学文献出版社，2021

等,严重时也会导致青少年自伤、自杀倾向,严重影响青少年的身心健康和社会功能。

那么,哪些青少年会更容易罹患抑郁症呢?研究表明,青少年抑郁症的发病机制较为复杂,通常认为,青少年抑郁症是生理、心理、家庭、社会、环境等因素共同产生的结果[1]。因此,对于家长来说,如果家族有抑郁症疾病史,或者孩子本身气质类型偏抑郁质,抑或孩子经历了急性应激事件,如人身伤害、丧亲,或持续处于慢性逆境,如虐待、家庭不和、同伴欺凌、贫困、身体疾病等,都需要特别关注他们的情绪状态。这些都是患抑郁症的高风险因素。尽管如此,这并不意味着符合以上情况的青少年都会罹患抑郁症,但需要家长更为细心,能够关注到孩子的成长动态,以便有效预防。

二、Emo ≠ 抑郁症,抑郁症状的信号有哪些

这样看来,抑郁症离我们的生活其实很近,但是,是不是孩子一说"我 Emo 了",就需要担心他是不是得抑郁症了呢?显然不是。首先,我们需要将抑郁症和抑郁情绪做一个区分。

抑郁情绪指的是抑郁的情绪状态,是每个人在面对困境、失败、挫折等情境下都可能产生的低落的状态,多表现为沮丧、不开心等,是一种正常的情绪状态。这些情绪通常会随着诱因的消除,或经过自身的调整而得到缓解,甚至消失。抑郁情绪会使人们感到不适,也会消极影响他们的人际关系,但基本不会损害他们的记忆等认知功能,也不会损害他们的社会功能,比如学习、工作、社交等。如

---

[1] THAPAR A, COLLISHAW S, PINE D S & THAPAR A K (2012). Depression in adolescence. Lancet (London, England), 379(9820), 1056–1067.

果抑郁的情绪状态持续地存在，且达到难以控制的程度，抑或导致孩子的学习成绩明显下降，或不再愿意与朋友聊天、出去玩，不想社交等，则有成为抑郁症的可能性，值得家长关注。

一方面，很多家长极为关注孩子的学习成绩和行为表现，却没有在意成绩和行为变化背后的原因，很容易将问题简单定性为青春期叛逆、不爱学习或者意志力薄弱等。另一方面，如果出现的主要问题是无法解释的身体症状、饮食失调、焦虑等，也可能会让家长忽视抑郁症的可能性。因此，如果孩子表现出厌学情绪，家长首先应该了解他们在学校和学习过程中是否遇到困难，努力协助孩子克服困难；如果是因为压力过大、自我认识不足等原因，应及时调整教育方法，帮助孩子走出困境；如果是因为长期抑郁情绪的持续和缓解困难，逐渐发展成的抑郁状态，则需要进一步通过科学手段进行测量，并决定是否需要就医。

那么，抑郁症是什么？临床意义上的抑郁症是一种心理疾病，需要专业医生的综合诊断才能下结论。《精神障碍诊断与统计手册》第五版（DSM-5）对于抑郁症的诊断标准为：持续至少两周的情绪低落或对周围事物丧失兴趣或愉悦感，并同时伴有不少于四种以下症状：体重显著下降（非刻意控制的）或食欲的明显变化，思维、举止缓慢，疲劳或精力不足，无价值感或内疚感，无法集中注意力或犹豫不决，反复出现的自杀倾向[1]。

虽然抑郁症是一种精神心理障碍，但它的症状表现不限于情绪方面，患者还可能会产生躯体化反映，比如，会出现头晕头痛、身

---

[1] Depression Definition and DSM-5 Diagnostic Criteria[OL],2021 Availablefrom: https://www.psycom.net/depression-definition-dsm-5-diagnostic-criteria.

体某些部位疼痛、失眠乏力、心跳加速、呼吸困难、呕吐便秘、口干出汗等身体上的不适。躯体化在青少年抑郁症患者身上，更多地表现为失眠或嗜睡、食欲下降或暴饮暴食等。此外，青少年抑郁症的常见症状还有无价值感、对未来没有希望、对以往的爱好失去兴趣、容易哭泣等。当孩子出现这些表现时，家长需要引起足够的重视。这些都提示了孩子的情绪问题或患抑郁症的可能性。青少年的抑郁症比成年人抑郁更容易被忽视，可能是因为青少年抑郁的核心表现可能为易怒、情绪反应大、情绪波动明显等症状，值得家长关注。

三、出现抑郁症状该如何自测？什么情况下需要就医

如果自我觉察程度高的青少年，发现自己的情绪持续低落，经过自己调节也没有改善，同时，很多以前感兴趣的事情不再想做，或感到没有精力、体力做的时候，就需要警觉，必要的时候可以寻求家长或老师的帮助。家长能否及时察觉孩子的情绪变化，或在孩子寻求帮助时能否敏锐发现信号，以及能否给予有效的关注和引导，都在很大程度上决定了孩子的情绪发展和病情走向。因此，父母是青少年就医前极为关键的一环。

网络上有很多用于检测抑郁症的自评量表，版本众多，专业程度各异，有些偏差较大，结果也不一定准确，并不具有参考价值。专业量表选用的测量工具对抑郁的界定也不尽相同。通常，将根据特定自我测评量表的评分而定义的形式上的亚临床抑郁，称作抑郁症状，而非临床诊断的抑郁症。青少年可以使用量表做初步自测，或家长根据量表测评孩子的抑郁情绪状况。当自测分数接近或高于选用量表的临界值时，建议尽快就医。因为抑郁的症状会影响青少

年的学习和生活，如不及时干预，会严重影响青少年的身心健康。

以往的科学研究和临床经验显示，普遍适用于青少年自测或家长测评青少年抑郁情绪状态，并具有良好信度和效度的量表主要有：儿童抑郁障碍自评量表（depression self-rating scale for children, DSRSC）、抑郁自评量表（self-rating depression scale, SDS）和病人健康问卷（patient health questionnaire-9, PHQ-9）。青少年及其家长可以根据年龄、年级、阅读水平等情况，选择合适的量表进行初步测评。

儿童抑郁障碍自评量表是专门针对儿童及青少年的抑郁自评量表，具有良好的信度和效度，覆盖的年龄范围广，所需要的阅读水平低，应用较为广泛，可供年龄较低的青少年使用。该量表于1981年编制，主要评估过去一周的抑郁状况，适用于8~13岁的儿童、青少年。也有研究显示，可以将研究对象年龄扩大至6~19岁。该量表总共有18个条目（见表1），采用0~2分三级评分法，总得分为0~36分，总分14分或15分为筛查抑郁的临界值[1]，也就是说，当该量表的总分大于14分时，建议寻找专业医生进行进一步诊断与干预。

表1 儿童抑郁障碍自评量表（DSRSC）条目[2]

题目	没有	有时有	经常有
1. 盼望没好事物	2	1	0
2. 睡得很香	2	1	0

---

[1] 李傲雪,张云淑,栗克清.国内儿童及青少年抑郁测评工具的研究进展[J].中国全科医学,2017,20(35):4464-4469.
[2] 张明园,何燕玲. 精神科评定量表手册[M]. 长沙:湖南科学技术出版社,2022.

续 表

题目	没有	有时有	经常有
3. 总是想哭	0	1	2
4. 喜欢出去玩	2	1	0
5. 想离家出走	0	1	2
6. 肚子痛	0	1	2
7. 精力充沛	2	1	0
8. 吃东西香	2	1	0
9. 对自己有信心	2	1	0
10. 生活没意思	0	1	2
11. 做事令人满意	2	1	0
12. 喜欢各种事物	2	1	0
13. 爱与家里人交谈	2	1	0
14. 做噩梦	0	1	2
15. 感到孤独	0	1	2
16. 容易高兴起来	2	1	0
17. 感到悲哀	0	1	2
18. 感到烦恼	0	1	2
量表总分			

临床上也有一些可用于青少年的成人抑郁量表，最常用的是抑郁自评量表，但成人量表通常只用于中学生，可能不适用于小学生[①]。该量表由 Zung 编制于 1965 年，使用广泛，具有良好的信度和效度。

---

① 陈祉妍,杨小冬,李新影.我国儿童青少年研究中的抑郁自评工具(综述)[J].中国心理卫生杂志,2007,21(6):4.

20个条目采用1~4分四级评分法,其中有10项为反向评分,主要用于评定前一周的情况(见表2)。根据中国常模的结果,SDS总粗分的上限分界值为41分,即该量表总得分超过41分,提示了患有抑郁症的可能性,建议寻找专业医生进行进一步诊断与干预。

表2 抑郁自评量表(SDS)条目

题目	没有或很少时间	少部分时间	相当多时间	绝大部分或全部时间
1. 我觉得闷闷不乐,情绪低沉	1	2	3	4
2. 我觉得一天中早晨最好	4	3	2	1
3. 我一阵阵哭出来或觉得想哭	1	2	3	4
4. 我晚上睡眠不好	1	2	3	4
5. 我吃的跟平时一样多	4	3	2	1
6. 我与异性密切接触时和以往一样感到愉快	4	3	2	1
7. 我发觉我的体重在下降	1	2	3	4
8. 我有便秘的苦恼	1	2	3	4
9. 我心跳比平常快	1	2	3	4
10. 我无缘无故地感到疲乏	1	2	3	4
11. 我的头脑跟平常一样清楚	4	3	2	1
12. 我觉得经常做的事并没有困难	4	3	2	1
13. 我觉得不安且平静不下来	1	2	3	4
14. 我对将来抱有希望	4	3	2	1

续表

题目	没有或很少时间	少部分时间	相当多时间	绝大部分或全部时间
15. 我比平常容易生气激动	1	2	3	4
16. 我觉得做出决定是容易的	4	3	2	1
17. 我觉得自己是个有用的人，有人需要我	4	3	2	1
18. 我的生活过得很有意思	4	3	2	1
19. 我认为如果我死了，别人会过得好些	1	2	3	4
20. 平常感兴趣的事我仍然感兴趣	4	3	2	1
量表总分				

患者健康问卷（PHQ-9）由 Spitzer 于 1999 年编制，通常用于群体内抑郁症的筛查，广受认可。它的制定大大增加了抑郁症检出的准确度，首次让抑郁症筛查有了实际操作的可能，使用极为广泛。也可供个人使用，进行抑郁症状的自我测评。该量表操作简便，有 9 个条目（见表 3），主要用于评估过去两周的抑郁情况，采用 0~3 分四级评分法，总得分范围是 0~27 分，以 10 分为诊断抑郁的临界点。也就是说，当总分大于 10 分时，就要考虑进一步的专业诊疗干预。

表 3 患者健康问卷（PHQ-9）条目

题目	不会	几天	一半以上的日子	几乎每天
1. 做什么事都感到没有兴趣或乐趣	0	1	2	3
2. 感到心情低落	0	1	2	3

续 表

题目	不会	几天	一半以上的日子	几乎每天
3. 入睡困难、很难睡熟或睡太多	0	1	2	3
4. 感觉疲劳或无精打采	0	1	2	3
5. 胃口不好或吃太多	0	1	2	3
6. 觉得自己很糟，或很失败，或让自己或家人失望	0	1	2	3
7. 注意很难集中，例如阅读报纸或看电视时	0	1	2	3
8. 动作或说话速度缓慢到别人可察觉的程度，或正好相反——烦躁或坐立不安、动来动去的情况比平常更严重	0	1	2	3
9. 有不如死掉或用某种方式伤害自己的念头	0	1	2	3
量表总分				

四、青少年抑郁症状测评后的应对方式

测评结果并不是诊断结果。诊断，意味着确认某种疾病的存在与否。抑郁症的诊断过程是精神科医生依据精神病学诊断手册的标准对患者进行循证诊断的过程；而针对抑郁情绪的测评则是测试者根据测评条目的内容自我判断的过程，主观性强，测评的结果也只能为医生提供参考信息，即使量表总分超过临界值，也只能提示有罹患抑郁症的可能性，并不能代替医生做出诊断，更不代表确诊。可见，诊断和测评两者可能存在极大差异。

情绪管理指南

如果孩子发现自己的抑郁症状明显，自测结果接近或超过临界值，则需要及时寻求家长的帮助，并寻求专业医生的诊疗；家长如果发现孩子持续出现抑郁情绪，且不能通过自我调节等方式缓解，量表测评结果接近或超过临界值，则需要密切关注孩子的动态，关心孩子的近况，并带孩子寻求专业医生的诊断和建议。

随着抑郁症的发生日益增多，"污名化"已经不再显著，但是，患者隐私保护仍然极其重要。并且，任何的标签都会影响个体的身心健康和人际交往，这对于已经处于抑郁状态或罹患抑郁症的青少年来说，无疑是雪上加霜。因此，家长务必要保护好孩子，配合专业人士，共同为孩子的身心健康而努力。

作者介绍

▶ 李琰

香港大学行为健康学硕士；

国家二级心理咨询师；

上海市浦东新区精神卫生中心（同济大学附属精神卫生中心） 心理评估与研究中心心理评估与研究中心 心理评估师；

从事心理咨询 10 余年，主要使用家庭治疗、游戏治疗、认知行为治疗、正念等心理咨询与治疗方法，擅长青少年情绪问题、家庭亲子关系等主题。主要科研方向为青少年抑郁症。

▶ **樊希望**

上海市浦东新区精神卫生中心（同济大学附属精神卫生中心）心理评估与研究中心主任；

上海市科技成果评价研究院科技评价专家库入库专家；

研究方向：抑郁症神经调控、智能神经心理测量；

科研项目：主持上海市浦东新区科技发展基金民生科研专项资金医疗卫生项目、上海市心理健康与危机干预重点实验室 2021 年度开放课题基金项目；

学术成果：近 3 年在精神心理疾病的基础与临床研究中以第一作者发表 SCI 期刊论文 6 篇，最高影响因子为 13.890 分；

曾作为国家心理医疗队一员赴武汉开展医疗援助工作，并且在武汉工作期间积极开展精神卫生相关临床工作，获得"江汉方舱医院先进典型个人""武汉市江岸区抗击新冠肺炎疫情先进个人"和湖北省委省政府"新时代'最美逆行者'"等荣誉称号。

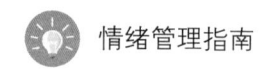

老年期认知功能下降就是痴呆吗

近年来,随着精神卫生保健知识宣传力度的增加,大家对老年痴呆的认知有了明显的提高。身边的老人出现了认知功能的下降,就一定是痴呆了吗?带着这个问题,我们一起来探讨!

来访者张某,71 岁,以反应迟钝、记忆力减退就诊。张某大学文化,毕业后一直在公司工作,因工作出色而担任管理职务近 20 年。60 岁退休后仍发挥余热,近年才回到家中,享受退休生活。退休后,老两口来上海随儿子生活。一年前,无明显诱因出现身体不适,表现为胸闷、心慌、头晕等,曾至多家综合性医院就诊,各项检查均未见明显异常。近一月来反应迟钝、记忆力明显减退,担心得了"痴呆",做头颅 CT 检查,未见明显异常。后在医生的建议下来就诊。

来访者自述"我最近觉得自己记性越来越差了,别人跟我说的话,我一会就忘记了;要去拿什么东西,转身就想不起来了。我以前记性挺好的,最近不知道怎么了,人反应也慢了,浑身不舒服。去医院做检查,又没查出啥来,我这样会拖累家里人。我不会是痴呆了吧?"

进一步检查发现,来访者近一月来,情绪低落,整日开心不起来;做什么事情也没有兴趣,整日觉得疲乏,连出门都觉得累,一天中大部分时间呆坐或睡在床上;很少出门,不再主动参加社交活动。

完成来访者各项检查之后，诊断为"抑郁发作"，予相应的抗抑郁药物治疗，配合心理治疗及 rTMS 治疗。4 周后来访者上述情况改善，躯体不适减少，情绪明显改善；6 周后复诊，患者恢复正常，无躯体不适，情绪稳定，能主动参加社交活动及完成家务等。

痴呆的发生率较高，目前，全世界有 5500 多万人患有痴呆[1]，当老年人出现认知功能障碍时，还需要综合考虑，才能作出更准确的判断。上述这个案例，就提示了抑郁症患者也可以表现为认知功能障碍。

我们首先来聊一聊老年期抑郁症。老年期抑郁的症状表现与抑郁症有的共同特点，我们来看一看。

1. 抑郁心境

"我开心不起来""觉得生活没有意思""整个人感觉是灰暗的，没有任何一件事可以让我开心。别人在一起聊天，人家很开心，说了好笑的事情，我却一点也感觉不到快乐"，患者感觉情绪很低落，生活没有意义，没有让其高兴的事情，就算处于热闹的氛围，也体会不到快乐。

2. 兴趣减少

"我现在整天不想动，不想做任何事情""以前我在小区每天要去跳广场舞、聊天的，现在不想去了，害怕去人多的地方""连门也不想出""以前觉得孙子、孙女回来很开心，现在不想他们回

---

[1] JIA L, QUAN M, FU Y, et al. Dementia in China: Epidemiology, Clinical Management, and Research Advances[J]. Lancet Neurol,.(19):81–92. doi:10.1016/S1474-4422(19)30290-X

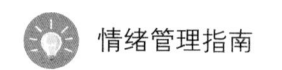

来，觉得烦",患者对任何事情缺乏兴趣,不主动进行社交,即使以前的兴趣爱好,都不再坚持。

3. 精力减退

"我觉得自己没有精神,整天感觉很累""做一点家务就感觉做不动了""其他事情更做不了了,更不要说体力活了",患者自觉精力减退,疲乏无力,即使做一些既往得心应手的事也觉得困难,甚至无法完成一些力所能及的事情,如家务等。

4. 思维迟缓

"我的脑子感觉生锈了""脑子反应很慢,动不出来""想事情很困难""跟别人聊天时,总是慢一拍",患者感觉自己的思维很慢,反应很迟钝,经常跟不上别人的节奏,脑子"钝了""生锈了"一般。

5. 认知功能损害

"我现在很难集中注意力""我记性变得很差了,家里人跟我说的话,我一会就忘记了;昨天做的事,今天就不大记得了;要拿什么东西,走到那就想不起来了""看书、看报纸看不进了,看了也不知道看了什么""什么都学不进了",患者注意力集中困难,记忆力下降,反应时间延长,抽象思维能力差,语言流畅性差,警觉性增高,空间知觉、思维灵活性及协调等能力减退。

6. 运动迟滞

"我现在什么也干不动,只能睡在床上""我不想做事,做不动,也不想做""不想跟别人聊天,觉得他们烦",患者活动减少,动作缓慢,工作效率下降,生活被动懒散,不想做事,不愿与周围人交往,常独坐一旁或整日卧床,少出门或不出门,回避社交。严重时不修边幅，甚至发展为不动、不语、不食等，甚至达木僵或亚木僵状态，即"抑郁性木僵"。

7. 激越

"我觉得自己经常会想些不好的事情""我很容易发脾气，一不顺心就发脾气""看不惯，对谁都要骂，以前不是这样的""我控制不住自己的脾气，我也不想发，但没办法，碰到事情就要发脾气"，患者脑中反复思考一些没有目的的事情，烦躁不安，易紧张，注意力不集中，难以控制自己，易怒，甚至出现冲动毁物、伤人行为。

8. 自责自罪或无价值感

"我觉得自己很没用，成了家里人的负担""我觉得自己一点没有价值，没用了，活着也没有意义"，患者觉得自己没有价值，甚至觉得自己是他人的拖累。

9. 消极观念和自杀行为

"我不想活了"，严重时，患者有消极的想法，甚至自杀行为。

10. 精神病性症状

"我觉得自己犯了罪，应该受到惩罚""我身体里是空的了，什么都没有了，我得了严重的疾病""他们都在说我，让我不要再这样下去了""他们都在贬低我，我是不行"，患者会出现幻听、妄想，但与其抑郁心境相一致。

11. 躯体症状

"我最近吃不好，睡不好，体重都下降了七八斤了""我会觉得心慌，感觉心脏要跳出来了""晚上睡不着，早上很早就醒了，三四点就醒了，睡不着了"，患者可有明显的躯体症状，如食欲减退或增加，睡眠障碍，乏力，体重减轻或增加，便秘，周身不适，阳痿、性欲减退、月经失调等。症状可涉及各脏器，如恶心、呕吐、心慌、出汗、尿频、尿急等。睡眠障碍主要表现为早醒 2~3 小时，早醒后不能再入睡，有的表现入睡困难，易醒，睡眠不深。

以上是抑郁障碍的常见症状，那么老年期抑郁有什么特点吗？

首先，多有突出的烦躁情绪，有时也表现为易激惹和敌意。其次，精神运动性抑制，躯体不适主诉更多。再次，明显的认知功能损害，类似痴呆表现，称为抑郁性假性痴呆。在检查时，患者会给出类似的不正确的答案。最后，躯体不适以消化道症状为常见，如食欲减退、腹胀、便秘等。常纠缠于某一躯体主诉，并容易产生疑病观念，进而发展为疑病、虚无和罪恶妄想。老年期抑郁病程冗长，常发展为慢性。

上述介绍了老年抑郁症，还有哪些常见的疾病需要我们注意吗？

一、轻度认知功能障碍

轻度认知障碍（MCI）是认知功能下降的早期阶段，是痴呆和正常认知功能之间的中间状态[1]。MCI 患者患阿尔茨海默病的风险是认知功能正常者的 10 倍[2]。目前常用的是 Petersen 诊断标准：

（1）老人自觉有记忆减退，或知情者认为老人有记忆障碍超过 3 个月；

（2）总体认知功能正常；

---

[1] RINGMAN J M, MEDINA L D, RODRIGUEZ-AGUDELO Y, et al.Current Concepts of Mild Cognitive Impairment and Their Appricability to Person at Risk of Familial Alzheimer's Disease[J].Curr Alzheimer Res,2009,6(4):341-346.
[2] SCHELTENS P, DE STROOPER B, KIVIPELTO M, et al. Alzheimer's Disease[J]. Lancet ,2021, 397: 1577–1590. doi:10.1016/S0140-6736(20)32205-4

（3）临床痴呆评定量表（clinical dementia rating,CDR）得分为0.5；

（4）简易智力状态检查(mini-mental state examination,MMSE)得分≤26分；

（5）日常生活功能正常；

（6）不符合痴呆诊断标准。

二、使用精神活性物质所致精神障碍

最常见的是使用酒精，有长期饮酒的患者需要加以注意。酒精所致的认知功能受损常见为遗忘综合征，表现为近事记忆的障碍。患者很难学习新知识，刚说过的话、刚做过的事一会就忘记了，因而影响社交。常伴有错构及虚构，曾经历过的事件在发生地点、时间、情节方面出现错误的记忆，或者将缺失的记忆部分用虚构的事情来填补。

三、躯体疾病所致精神障碍

老年人躯体疾病比较多，一些躯体疾病也会致认知功能的改变，如贫血、甲状腺功能减退、严重肺部、肝脏等疾病均可出现不同程度的认知功能受损。定期体检、积极治疗原发病是治疗关键。

老年期认知障碍需要引起足够的重视。老年人需定期体检，出现认知功能障碍时，可积极至专业医院就诊，根据不同的情况，给予适当的对症治疗或干预。

我们自己还能做哪些自我保健呢？

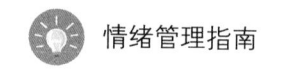

1. 接纳自我及家人

老年人机体功能逐步下降，且随着退出工作，更多的时间将留给自我和家庭，有些老人会在短期内无法适应。接纳自我，包括自身的机体状况、自身的社会地位、自身的价值体现、自身的生活重点等。人生每个阶段都会有不同的特点，善于接纳与和解，有利于改善自我的情绪。有些老人为了儿女，与子女一起生活，不同的生活理念及习俗、不同的观念等会造成一些冲突，学会接纳家人，放下自我，调整距离，有利于创造家庭和谐氛围。

2. 亲近大自然

大自然是人类最好的朋友。老年人适当的外出旅游、散步等，走出家门，亲近大自然，善于发现大自然中的一切美好，均有利于保持身心的健康。

3. 适当的运动及培养兴趣爱好

有些老年人年轻时将自己所有的时间放在工作、家庭上，却没有自己的兴趣、爱好，一旦退休，大把的时间却不知道如何去支配。适当的运动，培养一些兴趣爱好，对老年人来说，是非常重要的。快走、舞蹈、书法、阅读等，都是不错的选择。

4. 规律生活作息

高质量睡眠是老年人保持良好心态的基础。老年人睡眠时间较短，一般每日为 6~8 小时，而且睡眠质量不佳，容易出现失眠、入睡困难、睡后易醒等睡眠障碍症状。保持良好的睡眠，保证适当的活动或运动，白天积极参与各种有益的社会活动，坚持适当的户外运动或体育锻炼，有助于改善睡眠质量。选择舒适的睡眠用品，调整卧室环境，将灯光调至柔和、暗淡，尽量停止各种噪音的干扰。

做好睡前准备工作,睡前保持情绪稳定,不宜做剧烈活动、观看或阅读兴奋或紧张的电视节目及书籍,饮用兴奋性饮料。晚餐应在睡前两小时完成,应清淡,不宜过饱。睡前热水泡脚,以促进睡眠。采取适当的睡眠姿势,以自然、放松、舒适为原则,最佳睡眠姿势为右侧卧位,可避免心脏受压,又有利血液循环。

5. 科学饮食、合理搭配

要保持营养的均衡,可选择低脂、低盐、低糖、高维生素及富含钙、铁的食物。饮食注意合理搭配,粗粮和细粮、植物性食物和动物性食物、蔬菜和水果的搭配要合理。科学安排饮食的量和时间,每日进餐定时定量,切勿暴饮暴食或过饥过饱。进食宜缓、暖、软,细嚼慢咽,不宜过快;食物的温度应适宜,不宜过冷或过热;食物以松、软为宜,有助于消化。

老年认知功能受损是老年期需要加以重视的问题,涉及很多疾病,不只有痴呆而已。出现这些症状时,需要去专科医院进行全面的检查和评估,以便更有效地干预与治疗。同时,自己注意保健,保持良好的机能与心态。

愿每位老年人都能拥有幸福、快乐、健康、睿智的晚年!

作者介绍

▶ 袁杰

精神科副主任医师；

上海市浦东新区精神卫生中心(同济大学附属精神卫生中心)心境障碍科病区负责人；

上海市医学会行为医学专科分会青年委员；

上海市中西医结合学会精神疾病专业委员会委员；

上海市浦东新区医学会精神医学专委会委员；

上海市浦东新区卫健委优秀医学人才培养对象；

主持浦东新区科经委课题1项，局级课题1项。以第一作者及通讯作者发表核心期刊论文10余篇，SCI论文1篇。从事精神和心理工作数十年，擅长抑郁症、躯体形式障碍等诊断和治疗。

带你了解产后抑郁

在你的身边是否曾经出现过这样的声音？

"生完娃1个多月，我说我觉得好害怕，好想哭。老公说：'你发什么神经？'我当场爆炸失声痛哭，到现在都记得那种崩溃的感觉……"

"我曾经一个人走过一段漫长、孤单无助的黑夜，我不想再重新经历一次那种不被重视、不被关怀的痛。仿佛我生孩子给所有人都带来了苦难，所有的错误和责任都在我身上……"

如果已经出现类似的声音，请警惕！那或许是产后抑郁患者的重要求救信号。

产后抑郁症已成为女性高自杀率的因素之一，它不仅会危害产妇的身心健康，严重时还会产生自伤、自杀念头及行为，甚至导致杀婴事件给自身和家庭造成无法挽回的后果，却因为社会观念等原因非常容易被忽视。

一、什么是产后抑郁

产后抑郁症（postpartum depression，PPD）是最常见的分娩并发症之一，在精神疾病与统计手册第五版中，产后抑郁症被定义为一种在妊娠期间或产后4周内抑郁发作的精神类疾病。此疾病早在公

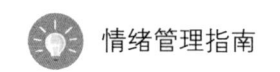

元前 5 世纪就引起了医疗人员的关注，于 1968 年由 Pitt 首次提出。据统计，目前全球该疾病的患病率在 4%~25%。典型的产后抑郁症于产后 6 周内发生，可在 3~6 个月自行恢复，但严重的可持续 1~2 年，再次妊娠则有 20%~30% 的复发率。该疾病已成为国际上重要的公共卫生问题之一。

产后抑郁症的主要临床表现如下。

（1）情绪低落，兴趣和愉快感丧失，孤独；

（2）精力降低，疲乏无力；

（3）睡眠紊乱，厌食，性欲减退；

（4）情绪焦虑，感觉"被压得喘不过气"；

（5）难以集中注意力，创造性思维受损；

（6）自我评价低，自暴自弃，有自罪感；

（7）自杀或伤害子代，甚至产生杀婴观念或行为。

三、产后抑郁症的危害

产后抑郁症的危害主要分为产妇自身及子代两方面。

1. 产后抑郁症对产妇自身的影响

已有研究显示，产后抑郁症已严重影响产妇自己的身体健康，与产妇第一周的疲劳、体重滞留、性功能障碍、睡眠时间减少以及泌乳时间延迟等密切相关。未经治疗的焦虑或抑郁产妇容易出现人工引产、剖宫产、住院时间延长、再入院、发热和产后出血等情况。

产后抑郁症状会导致产后情绪不稳定，表现为易伤心、发怒、悲伤、有孤独感或烦躁等不良情绪。研究表明，与没有抑郁的产妇相比，抑郁产妇更易产生压力感和痛苦感，更难控制愤怒情绪，更少表现出积极情感。

在行为和认知方面，产后抑郁的产妇可能会更加孤僻和感到悲伤，行为上更容易出现烟草、酒精、药物等物质的滥用。此外，产后抑郁产妇对自我认知的能力较低，并在家庭与社会关系中有更多的人际关系困难。

2. 产后抑郁症对子代的影响

（1）身体发育

患有抑郁障碍的产妇比健康产妇有更高的早产风险，且更可能孕育出发育受限的胎儿和低体重儿。来自智利的一项长达21年的纵向研究发现，母亲产后1年抑郁症状的加重会影响到子代21岁时较高的体质量指数。已有对亚洲农村地区的研究发现，产妇的产后抑郁症状与子代的营养不良和发育迟缓显著相关，在调整了子代年龄和性别后，高抑郁产妇的子代出现发育迟缓或体重不足的可能性是无抑郁产妇子代的近两倍。

（2）运动与行为发展

产后抑郁会导致子代在母婴互动过程中的社会退缩行为，进而影响子代在其他社会环境中的互动行为和心理社会发展。

（3）认知与情绪发展

产后抑郁产妇的子代多表现出运动减少、情绪不稳、兴趣丧失，理解能力、记忆能力、语言能力降低等不良表现。产后抑郁除对子代认知发展产生影响外，还可能导致子代婴儿期的困难型气质、幼儿期较低的社会情绪发展水平以及青春期较高的抑郁症状。

（4）非语言和语言的发展

产妇产后早期的抑郁与子代两岁前的语言功能发展迟缓有关，

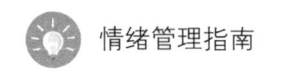

特别是对子代 18 个月以后表达性语言的影响更加严重和持久。由于产后抑郁的母亲为子代提供的情感和物质支持较少，直接影响子代的言语功能和对环境信息的处理能力。

3. 产后抑郁症对母子关系的影响

由于产后抑郁的产妇在亲子互动中表现出较低的参与度，这些消极护理行为可导致亲子关系较差，继而引发子代的不安全依恋，对子代后期的情绪、认知和言语方面都有潜在影响。

四、产后抑郁症的病因

1. 生物学因素

产后抑郁症由多因素决定，遗传是最重要的因素之一。精神疾病家族史是产后精神疾病的危险因素。已有研究证实，5-羟色胺转运体基因和 5-羟色胺基因连锁多态性区与产后抑郁症的发病相关，并且与环境刺激存在相互作用。这些神经递质浓度的降低，会对产妇的感觉、认知和情绪产生不利影响。

此外，作为特殊群体，产妇在妊娠到生产这一时间段内，身体内的激素水平会发生巨大变化。分娩后激素（主要是雌二醇和黄体酮）水平的骤然下降也是产后抑郁症的致病因素。

2. 社会因素

按照中国传统惯例，"生子"通常被认为是一件喜事，但由于心理生理状态快速变化的影响，对产妇来说，"生子"可能会变成压力性生活事件，导致身心处于应激状态，增加抑郁发作的风险。另外，家庭关系不和睦，来自家庭、社会支持的缺乏也是产后抑郁产生的重要因素。

3. 个人因素

如果产妇遭遇过童年创伤或伴侣暴力等，或有饮食不健康、缺乏运动、作息不规律等不良的生活方式，也会诱发产后抑郁症的发生。

4. 妊娠与分娩相关因素

妊娠和分娩的情况也会在一定程度上影响产妇情绪，因而增加产后抑郁症的发病风险。大多数女性在妊娠期间会感到疼痛，而分娩和产后的疼痛更为普遍和常见，产后疼痛会加重抑郁症状。如果在妊娠和分娩时出现不良事件，如早产、胎儿畸形或死亡、母婴分离、产后出血、妊娠期疾病等，可能会使产妇长时间处于不良情绪中，心理压力增大，危害产妇心理健康。

五、产后抑郁症的相关治疗

1. 药物治疗

目前，临床上用于治疗抑郁症的药物可用于产后抑郁症的治疗，安全性高、疗效好。选择性 5-HT 再摄取抑郁剂是治疗产后抑郁症的首选，常用的分别有舍曲林、氟西汀、帕罗西汀、氟伏沙明、西酞普兰等。与治疗抑郁症不同的是，因产妇处于哺乳期，考虑到用药对新生儿的影响，需密切关注药物的血清浓度，严格控制药物的使用剂量，同时要注意处理药物副作用等。另外，激素药物以及新型药物别孕烯醇酮（Brexanolone）也被临床用于治疗中重度产后抑郁症。

2. 中医治疗

从我国传统中医理论的角度来看，产后抑郁症与患者的情绪和内脏功能有关。现阶段，中医主要通过针灸和方剂来治疗产后抑郁

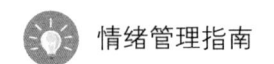

症。针灸是中国的传统疗法，通过刺激身体特定穴位来增强运动皮层的输入信号，增强中枢神经系统的兴奋状态，从而达到改善患者抑郁症状的目的。

3. 心理治疗

考虑到药物治疗的副作用，产后抑郁症患者更倾向于心理治疗，包括认知行为疗法、精神分析疗法、人本主义疗法以及后现代的家庭治疗。其中，认知行为疗法使用较广泛，其有效性已被众多研究结果所证实，在国内常与药物联合使用治疗症状较严重的患者。认知行为疗法不仅可以有效治疗产后抑郁症患者，对高危产妇进行产前认知行为干预，可显著减少产妇的抑郁症状，提高婚姻满意度，起到良好的预防作用。

4. 其他支持性治疗

（1）健康宣教

健康宣教是临床治疗精神心理疾病的常用手段，一般需要组织有临床经验和专业知识的医护人员开展。通过指导产妇正确认识分娩过程、喂养方式、应急情况处理以及科学的产后护理等相关知识，帮助患者自然地接受因妊娠带来的激素波动及情绪落差；更加科学地认识产后抑郁症，使产妇不再因陌生而恐惧，进而有勇气战胜产后抑郁症。

（2）循证护理

首先要对患者进行评估，分析原因。然后，整合归纳的问题，并依据患者的个体情况在临床治疗方案和医案中寻找与其相似度较高的病例，提取其护理方案，并根据实际情况随时调整。再将制定好的方案落实于接下来的护理过程中，同时要做好健康教育工作，随时解答患者在治疗过程中的疑问,向患者家属强调家庭成员的配合在治疗中的重要作用。最后,做好患者出院后的随访工作,保持医患联系,随时发现患者复生的抑郁情绪并对其进行疏导。同时,对患者进行育儿知识方面的耐心指导,帮助患者巩固在院时的治疗成果。

(3)瑜伽、音乐等情绪放松治疗

在产后抑郁症患者睡前,播放较为舒缓轻柔的音乐,能够帮助患者获得更加安稳的睡眠,舒缓情绪,减轻负面情绪的影响,从而改善抑郁情绪。作为放松身心的常用运动方式之一,瑜伽在辅助治疗精神疾病方面也有较为广泛的应用。瑜伽训练过程可以使神志介于清醒和睡眠之间,慢慢放松精神,缓解紧张状态,进而减轻焦虑抑郁症状,提高睡眠质量和改善身心状态。

六、产后抑郁症的识别与筛查

目前临床用于识别产后抑郁症的工具主要有爱丁堡产后抑郁量表和汉密尔顿抑郁量表

1. 爱丁堡产后抑郁量表

爱丁堡产后抑郁量表(Edinburgh postnatal depression scale,EPDS)是由 Cox 等于 1987 年编制的在西方广泛应用的心理量表,1998 年香港中文大学的 Lee 等编译成中文版,2009 年王玉琼等将 EPDS 重新修订,使其更符合中国内地语言习惯,广泛用于中国内地孕产妇抑郁的筛查。EPDS 共 10 个项目,包括心境、乐趣、自责、抑郁、恐惧、失眠、应付能力、悲伤、哭泣和自伤等。该量表均由产妇自评,采用 4 级评分方式,分值是:A=0 分, B=1 分, C=2 分,

D=3 分，最后结果将每个项目的分数相加，分数越高表明抑郁状况越严重。其中，0~8 分表示被试者没有产后抑郁症；9~12 分表示被试者为轻度产后抑郁症；13~30 分表示被试者为产后抑郁症。该量表可在产后 8 周内使用，也可用于孕期抑郁症的筛查。具体项目见表 4。

表 4 爱丁堡产后抑郁量表

1. 我能看到事情有趣的一面，并笑得开心			
A. 同以前一样	B. 没有以前那么多	C. 肯定比以前少	D. 完全不能
2. 我欣然期待未来的一切			
A. 同以前一样	B. 没有以前那么多	C. 肯定比以前少	D. 完全不能
3. 当事情出错时，我会不必要地责备自己			
A. 大部分时候这样	B. 有时候这样	C. 不经常这样	D. 没有这样
4. 我无缘无故感到焦虑和担心			
A. 一点也没有	B. 极少有	C. 有时候这样	D. 经常这样
5. 我无缘无故感到害怕和惊慌			
A. 相当多时候这样	B. 有时候这样	C. 不经常这样	D. 一点也没有
6. 很多事情冲着我而来，使我透不过气			
A. 大多数时候我都不能应付	B. 有时候我不能像平时那样应付得好	C. 大部分时候我都能像平时那样应付得好	D. 我一直都能应付得好
7. 我很不开心，以至失眠			
A. 大部分时候这样	B. 有时候这样	C. 不经常这样	D. 一点也没有

续表

8. 我感到难过和悲伤			
A．大部分时候这样	B．有时候这样	C．不经常这样	D．一点也没有
9. 我不开心到哭泣			
A．大部分时候这样	B．有时候这样	C．只是偶尔这样	D．没有这样
10. 我想过要伤害自己			
A．相当多的时候这样	B．有时候这样	C．很少这样	D．没有这样

2．汉密尔顿抑郁量表

汉密尔顿抑郁量表（Hamilton depression scale,HAMD）由 Hamilton 于 1960 年编制，并于 1966 年、1967 年、1969 年和 1980 年修订，主要是调整题项的评估等级。在过去的 50 年中，此量表已经历了 11 个版本，但最为常用的是 HAMD-17 和 HAMD-21，既可以用于评估抑郁症状严重程度，也可以作为评估病情恢复的指南，可以探测患者的情绪、内疚感、自杀意念、失眠、激越或迟缓、焦虑、体重减轻和躯体症状等。量表采用 3 点计分或 5 点计分方式，总分在 7~17 分间为轻度抑郁，总分在 17~24 间为中度抑郁，总分大于 24 分为重度抑郁。鉴于此量表需由专业的评估人员通过与患者交谈和观察来评估，因此不在本文中具体呈现。

七、产后抑郁症的预防

产妇们在妊娠期，甚至产前即应注意心理保健。注意营养、规律锻炼、足够睡眠是心理健康的基础。参加产前辅导，了解妊娠和分娩相关知识，有助于缓解生产带来的恐惧和焦虑情绪。如发现自己情绪不佳，特别是以往得过焦虑症、抑郁症等疾病，或有家人罹患精神疾病的产妇们，要定期做抑郁症筛查，或寻求专业医生帮助。如产后出现情绪不佳，家人们可帮助产妇照料新生儿，让产妇得到充分休息。家人的呵护和照料，特别是丈夫的支持和帮助本身就是战胜抑郁情绪的一剂良药。产妇的自我调节也很重要，有意识地为自己制造轻松愉快的体验，阻断低落情绪，把更多注意力和精力放在照料孩子上，多跟家人和朋友沟通。同时，尽可能保证睡眠和营养也能在一定程度上驱散抑郁情绪。如果抑郁情绪持续存在，或家人的帮助和自我调节仍不能让产妇们的抑郁情绪改善，应及时寻求专业医生或专业心理治疗师的帮助。

作者介绍

▶ 李哲胤

上海市浦东新区精神卫生中心（同济大学附属精神卫生中心）心理评估与研究中心心理测量师、心理治疗师、国家二级心理咨询师；

从事心理治疗及评估工作近10年，曾参与上海市心理卫生学会第二十届全国心理测验培训班，擅长青少年心理评估、危机干预与心理治疗。

▶ **樊希望**

上海市浦东新区精神卫生中心（同济大学附属精神卫生中心）心理评估与研究中心主任；

上海市科技成果评价研究院科技评价专家库"入库专家"；

研究方向：抑郁症神经调控、智能神经心理测量；

科研项目：主持上海市浦东新区科技发展基金民生科研专项资金医疗卫生项目、上海市心理健康与危机干预重点实验室2021年度开放课题基金项目；

学术成果：近3年在精神心理疾病的基础与临床研究中以第一作者发表SCI期刊论文6篇，最高影响因子是13.890分；

曾作为国家心理医疗队一员赴武汉开展医疗援助工作，并且在武汉期间积极开展精神卫生相关临床工作，获得"江汉方舱医院先进典型个人""武汉市江岸区抗击新冠肺炎疫情先进个人"和湖北省委省政府"新时代'最美逆行者'"等荣誉称号。

记得随时带上自己的阳光

留心一下自己的朋友圈，就会发现我们生活中充斥着各种焦虑。适度的焦虑可以激发我们的潜能，但严重的焦虑则会影响我们的心情。在日常生活中，焦虑也随处可见，如果一直压抑着则会感到难以形容的不适；如果爆发出来，可能演变成哀怨、无聊的碎碎念或是情绪崩溃。这种焦虑情绪体验通常由内心而起，似乎是对某个模糊、遥远、不可辨识的危险产生的反应。

一、什么是焦虑症

焦虑症是一种以焦虑情绪为主要临床表现的神经症性障碍，包括广泛性焦虑及发作惊恐状态两种临床相，常伴有头晕、胸闷、心悸、呼吸困难、口干、尿频、尿急、出汗、震颤和运动性不安等。焦虑并非实际威胁所引起，其紧张程度与现实情况很不相称。

二、为什么焦虑的人会越来越多

原因一：社会的巨变。人类历史上从没有像现在这样，变化这么快。这是第一个带来巨大压力的原因。

原因二：世界的不确定性变得越来越高。任何人都有可能给这个社会带来巨大的影响，当然有好的，也有坏的。

原因三：文化价值变得越来越模糊。

三、焦虑对人有何影响

焦虑对人有三个层面的影响。

（1）心理层面。很多人会担心自己发疯，或者害怕别人觉得自己是个疯子，有些人觉得自己快要死了。在有些综合性医院的心内科，常有患者自述心脏不舒服，有濒死感，特别难受。做了一系列的检查后并未发现有很严重的问题，最后考虑是焦虑发作。

（2）行为层面。回避行为，很多事不敢做，例如不敢坐飞机，不敢去人多的地方，不敢去大海边等。

（3）生理方面。心脏症状：胸痛、心动过速、心跳不规则；呼吸系统症状：呼吸困难；神经系统症状：头痛、头晕、晕厥和感觉异常。也有出汗、腹痛、全身发抖或全身瘫软，肌肉紧张或酸痛、肢体震颤，自主神经功能紊乱，口干、便秘、腹泻、尿急、尿频、皮肤潮红或苍白、阳痿、早泄、月经紊乱等症状。

要想解决焦虑问题就必须从这三个方面着手，既要减少其生理反应，又要消除其回避行为，同时改变其内心自我对话的方式。

四、焦虑障碍如何治疗

1. 心理治疗

恐怖性焦虑障碍行为疗法是目前的首选，包括暴露冲击疗法、系统脱敏疗法、放松训练等。可合并实施其他心理治疗，如认知治疗、精神分析治疗，人际间心理治疗等。

其他焦虑障碍可以选行为治疗，如放松疗法不论对广泛性焦虑或急性焦虑发作均是有益的。生物反馈疗法，如音乐疗法、瑜伽、静气功的原理都与之接近，疗效也相仿。还可使用认知疗法，如精神分析疗法、支持性心理治疗、森田疗法、内观疗法等。

2. 药物治疗

（1）急性焦虑发作（惊恐发作）：抗抑郁药（SSRI）、苯二氮䓬类药物（阿普唑仑、氯硝西泮、劳拉西泮）已经被证实对惊恐发作有效，但由于具有镇静、肌肉松弛作用及可能滥用和撤药反应，目前主要作为二线用药。

（2）慢性焦虑（广泛性焦虑）：抗焦虑药物如苯二氮䓬类，阿扎哌隆类药物如丁螺环酮，以及抗抑郁类药物。

五、从生理层面，如何让焦虑得以改善？

深度放松，如瑜伽、听音乐、散步等都是很好的方法。还有一些很专业的方法，比如腹式呼吸。紧张的时候，学会把气息吸到腹部。普通人在呼吸的时候都是胸腔鼓起来，即浅呼吸。把气吸到腹部，就是在吸气的时候，肚子是鼓起来的，而不是凹下去的。把一只手放在腹部，体会一下，像闻花香一样，让腹部鼓起来；然后，慢慢地从腹部把气息吐出来。焦虑发作的时候，或者平时都可以尝试用腹式呼吸的方法，更容易让身体放松，因为可以吸入更多的氧气。还有一种方法叫渐进性的肌肉放松，从头部开始，先让每一块肌肉紧张起来。比如把眼睛闭起来时，先使劲地闭起来，然后慢慢放松，告诉自己把压力释放出去；然后进行下一个部位。

六、从行为层面，如何让焦虑得以改善

举个例子，有的人不敢坐飞机。如经常带其看飞机，看飞机起

起落落，相信会有帮助。当了解到飞机的安全性，就可以尝试去上飞机走一走，看一看，不乘也可以。然后，尝试坐飞机进行一次短途旅行，选舒适一点的头等舱试试看。经过多次练习，慢慢达到能够坐飞机的状态。这就是我们说的行为方面的慢慢地脱敏。在心理方面，每一次焦虑发作的时候，有意识地提醒自己已经在脱敏了。把每一次焦虑都看作是在逐渐脱敏，不要把焦虑视作挑战，不要把焦虑发作视作失败，如"我怎么又这样了，我这个人没有救了"。越这样想，焦虑对你的伤害就越大。而反过来这样想：我今天又焦虑了，那么我是不是又能够再脱敏一点，我又开始好了一点点。这时候行为治疗就会起到作用。

七、如何从精神层面缓解焦虑

从存在主义的高度，思考人生的意义、使命和目标。当一个人内心里，不仅仅有自我，还有着别人的时候，焦虑感就会立刻下降。子曰：知者不惑，仁者不忧，勇者不惧。心怀天下，心中想着别人的事，多为他人着想，希望为社会做出贡献，焦虑情绪会大幅地下降。而不能只想着自己的得失，只考虑面子，担心别人的眼光，太看重自我。要提醒自己，没人整天跟在你的身后，评判你。只有你自己会在意别人对你的眼神和看法。

八、生活中如何应对焦虑

1. 放松身体

当人焦虑时，通常会表现出一系列身体症状。这时，放松身体能抑制焦虑的影响。可采用以下方法放松身体。

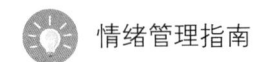

（1）渐进式肌肉放松：连续收缩和放松 16 组肌肉群。

（2）改善呼吸：放弃浅的胸腔呼吸,改为腹式呼吸和镇定呼吸。此外练习瑜伽也能放松身体。

2. 放松精神

一是引导式内观，即使用心理意象改变行为方式、感知方式和生理状态的方法。闭上眼，想象身处某个让人心情平静的情境。但要注意避免内观后睡着。二是冥想。

3. 思考问题从现实出发

不同的思维方式使每个人对事物的感受不同。思考问题从现实出发，就要重新梳理思维方式。生活中，最易导致焦虑的思维方式是灾难化思维。例如，如果飞机坠毁怎么办？孩子成绩不好，长大后吸毒怎么办？如果我出车祸怎么办？扭转灾难化思维，可以通过质疑三部曲，用三个步骤实现。

第一步：识别扭曲思维。把担忧的问题转换成肯定陈述。比如，把"如果飞机坠毁怎么办？"换成"我认为飞机要坠毁了"。

第二步：质疑扭曲观点的正确性。试着问自己这样的问题：担忧的事发生的可能性有多大？以前这种情况发生的频率高吗？如果最糟糕的情况发生了，就真的无法应对了吗？

第三步，用符合现实的想法取代扭曲的观点。从实际出发，客观评估现实情况，慢慢接受现实，走出焦虑。

除了灾难化思维，还有七种扭曲的思维方式。

（1）过滤：即只关注负面信息。比如对他人的一段话，只关注最糟糕的部分，好的部分没有听。应对方法：迫使自己去关注事物积极的一面。

（2）极化思维：即认为事物非黑即白，非好即坏。比如，一个妈妈想成为好妈妈，有一天早上送孩子上学迟到了，她就觉得自己是一个不合格的妈妈，于是开始变得焦虑。应对方法：使用百分率界定自己，比如"我有20%做得不够好，但还有80%表现仍然是出色的"。

（3）过度泛化：即根据一个证据或单一事件得出一般性结论。比如，坐了一次火车晕车，就再也不坐火车了。应对方法：用数字替代描述感受的形容词。比如将"我损失惨重啊！"改为"我一共损失了4000元"。两者给人的感受是不一样的。

（4）看透他人心思：即揣测别人的心思，指一个人喜欢推理别人想法的情况。应对方法：揣测他人心思时，提醒自己别瞎猜，生活中大量的烦恼都是自己瞎猜出来的。

（5）放大：即夸大问题的严重性。应对方法：停止使用"可怕的""我受不了""糟透了"这样的语言，同时告诉自己：我能应付困难，我能处理得很好。

（6）个人化：即认为别人说的话，做的事与己有关，而且爱和别人比较，把自己的价值建立在与人的对比之上。应对方法：当认为别人的反应与己有关时，无合理证据前不要下结论；当与人比较时，提醒自己，每个人都有优缺点。

（7）"应该"陈述：即对自己和他人的行为有一套严格的规则。比如"我应该是完美的人""他应该这样做"。应对方法：当出现"应该"陈述时，寻找一些例外，告诉自己，经常有人不是如此，也过得很好。

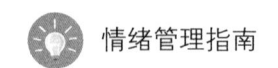

4. 正视恐惧

正视恐惧是克服焦虑最有效的方法。可采用暴露疗法，即让治疗者正视某个恐惧，设置一系列活动，把治疗者逐渐带入恐惧情境中，直到他不再恐惧。

暴露的过程分为两个阶段：应对暴露和完全暴露。在应对暴露阶段，患者需要通过辅助手段进行暴露治疗，包括陪同治疗、练习腹式呼吸等。第二阶段是完全暴露。让患者直接进入恐惧情境，不依靠辅助手段治疗。这是为了让患者完全控制恐惧情境。比如克服电梯恐惧症，应对暴露阶段，可以找人陪同乘电梯，首先，和陪同者乘电梯上下一层楼，然后上下两层楼，以此类推。完全暴露阶段则没有陪同者在身边,需要自己乘电梯,从上下一层开始逐渐增加层数,直到完全克服恐惧。

5. 经常运动

经常运动对身体有诸多益处，选择适合自己的项目，并坚持体育锻炼是一种帮助缓解焦虑的好方法。心肺功能、皮肤、睡眠、神经递质的分泌都跟运动有关。运动的方式很多，跑步、游泳、骑自行车、有氧健身操、健步走等，总之无论哪项运动，让身体动起来是一件很重要的事。

6. 呵护自己

所谓呵护自己，就是要在日常生活中拥有充足的睡眠、娱乐和空闲时间。呵护自己，可以通过安排空闲时间来实现。空闲时间指放下手头事务让自己休息和恢复精力的时间。它分为三类：休息时间、消遣时间和关系时间。它们对养成无焦虑生活很关键。休息时间，即暂停一切活动让自己安静的时间，比如躺着听音乐、冥想。

记得随时带上自己的阳光

消遣时间指参与能补充能量重塑自身的活动时间,比如钓鱼、远足、烘焙面包。关系时间指把个人的目标和责任放一边,安心享受与同伴的相处时光,同伴包括伴侣、子女、父母、朋友、宠物等。

科学的空闲时间的理想数量是:每天 1 小时,每周一天,每 12~16 周 1 周。

此外,呵护自己还可以采用以下方法:晚上睡好觉,白天小憩,午睡 15 分钟;阅读陶冶心灵的书籍;花时间获得感官享受,如泡热水澡、做按摩、修甲美甲、播放喜欢的音乐、买礼物给自己、逛公园、买花给自己等。改变饮食习惯,如减少咖啡因、尼古丁、兴奋剂类药物。

7. 简化生活

要减少焦虑,可以选择简化生活。

(1)缩小居住空间,减少物品的堆积及减少打扫和维护的时间。

(2)清理不需要的东西,断舍离。

(3)从事自己喜欢的职业。

(4)缩短上下班的路程,交通高峰期车流增加人的压力感,所以,这个方法是简化生活最重要的改变之一。

(5)减少对着屏幕的时间;亲近自然。

8. 停止忧虑

忧虑时可以采用以下两个方法应对。

(1)转移注意力。让身体动起来,做运动或家务;找人聊天;做深度放松练习 20 分钟;听动听的音乐;体验令人愉悦的事,如看有趣的电影、品尝美食;展现创造力,如绘画、弹琴、制作手工艺术品。

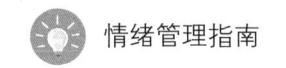

（2）解离。摆脱无用思想的纠缠，并且停止与无用思想融合的过程。在与无用思想解离时，要认清这些思想只是脑中的一系列词语和想象。

解离分为两步。第一步是觉察自己当下的想法。可以对自己说："此刻我心里要说什么？此刻我的看法是什么？"第二步，认清想法后，问自己这些想法是否有用，是否能帮到自己。例如觉得自己很胖，很难过时问自己："因为胖而难过有用吗？如果无用，那么难过的意义是什么呢？"思考是否更应该停止难过，去做一些有意义的事，如通过运动改善，这就是解离的过程。总之，解离就是放开无用的想法，不管那想法是真是假。

常见的解离方法有以下几种：觉察内心想法，即注意当下的所思所想，把它写在纸条上；把想法归类；想象自己坐在溪边，树叶从身边飘过落在水面上，把脑海中的想法寄托在树叶上，让它顺水飘走。

9. 即刻应对

应对当前的焦虑有三种方法。

（1）应对策略。包括之前提到的放松身体、放松精神的方法、正式恐惧的方法和转移注意力的方法等。

（2）应对陈述。是指焦虑时，进行带离恐惧的自我对话。它让人摆脱"如果……该怎么办"的想法，转向更轻松、自信的想法。比如，感觉陷入困境时，对自己说"放轻松，慢慢来"。出现惊恐时，对自己说"我可以应付这些症状和感觉"。

（3）肯定话语。目的是通过肯定的话语，更积极自信地面对焦虑。比如，出现焦虑时，对自己说"我在学着放下忧虑"。

九、为什么焦虑症要用抗抑郁药治疗

　　焦虑是大脑处于一种异常的功能状态,有些药物通过特定的作用,可以帮助大脑恢复到正常的功能状态。这些作用是药物治疗焦虑的生物学基础。目前,常用的抗焦虑药物分两大类,一类是抗焦虑药物,包括苯二氮䓬类和 5-羟色胺受体激动剂；另一类是具有抗焦虑作用的抗抑郁药,如选择性 5-羟色胺再摄取抑制剂、5-羟色胺和去甲肾上腺素再摄取抑制剂和去甲肾上腺素及特异性 5-羟色胺能抗抑制剂。后者的药物说明上有抑郁症的适应证,但同样也适用于焦虑症的治疗。因为这两大类疾病在生物学基础上有着相似的改变,所以该类药物对抑郁、焦虑均有效。这些药物因安全性好,不良反应相对较小,起效快,疗效较好,没有成瘾性,在临床中经常用于焦虑症的治疗。

　　最后,给大家的建议就是,如果你或你的朋友已经有严重的焦虑情绪了,建议去医院寻找专业人士帮助；如果不特别严重,可以按照本书的方法来缓解焦虑情绪。能够与自己的生命和谐相处,对发生的一切事件,都能用"我允许"的态度来对待,焦虑情绪就会减少很多。要明白焦虑是迎面的风,只有前进时才会出现,只有面对它才会有"采菊东篱下,悠然见南山"的感觉。

作者介绍

▶ 张婷婷

上海市浦东新区精神卫生中心（同济大学附属精神卫生中心）老年精神科主治医师；

济宁医学院精神卫生系教师；

全科住院医师规范化培训基地教师；

从事精神和心理卫生工作 17 年，擅长精神科常见疾病的诊治，尤其在阿尔茨海默病性痴呆、老年性抑郁障碍、神经症等方面具有丰富的临床经验。发表中文核心期刊和 SCI 论文多篇。

抑郁症的个体化治疗方法

抑郁障碍及其他心境障碍（抑郁症）是一种广泛存在的精神健康问题，其特征包括缺乏正性情感（对普通的事物及娱乐活动失去兴趣和享受）、心境低落，以及其他情绪、认知、躯体症状表现等。传统上将抑郁障碍的严重程度分为四类，即阈下、轻度、中度和重度。轻型抑郁障碍（less severe）包括阈下和轻度抑郁障碍，重型抑郁障碍（more severe）包括中度和重度抑郁障碍。

抑郁症是一类复杂的、异质性的疾病。其病因复杂，不能用单一的神经递质加以解释，具有生物、心理、社会文化的决定因素及风险因素。据世界卫生组织（WHO）估计，全球抑郁症患者已超过3.2亿。抗抑郁药是这类疾病的有效治疗手段，挽救了成千上万严重抑郁症患者的生命。

一、抑郁症有哪些最新的治疗方法

抑郁症的治疗方法众多，包括药物治疗、物理治疗、心理治疗、中医治疗等。这些治疗方法没有哪种疗效最佳，因为抑郁症是一个特别宽泛、多样、异质性的症状群，有多达 227 种症状组合能够让一个人被诊断为抑郁症。有很强证据表明，症状种类、临床亚型、症状严重度、神经认知功能、功能及生活质量、临床分期、人格特质、既往罹患及目前共患的精神障碍、躯体共病、家族史、早期环境暴露、近期环境暴露、保护因素和复原力、功能失调性认知图式，这些因素都可能影响抑郁症的个体化治疗。很多时候，需要多种治疗相辅相成。并非选了心理治疗就不需要药物治疗，反之一样。很有意思的是，某些情况下的抗抑郁药治疗也是心理治疗，因为患者主观因素在药物有效性中有着非常重要地位。而医患联盟的构建同样是药物有效性的重要影响因素。

二、抑郁症药物治疗需注意什么

与其他疾病的用药所不同的是，抑郁症患者用药时，医生会积极让患者或家属参与讨论治疗计划，达成一致后用药；用药期间每次就诊也都需要进行药物有关的共同决策。各阶段讨论事项如下。

1．用药前

（1）用药原因。

（2）药物的选择。

（3）药物剂量调整。

（4）获益：如患者在生活中希望改善的方面，以及药物可能起到什么帮助。

（5）危害：药物可能发生的副作用及撤药反应，包括患者本人尤其希望避免的各种副作用，如体重增加、镇静、对性功能的影响。

（6）患者服药或停药的顾虑。

2．用药阶段

（1）首次开始服用抗抑郁药有什么影响。

（2）需要多长时间可出现效果，抗抑郁药通常在 4 周内起效，首次复诊通常在 2 周内，目的是评估症状改善及副作用。

（3）规范服用抗抑郁药的重要性，如服药时间、与其他药物和酒精的相互作用。

（4）为什么需要定期复诊，以及复诊的频率，症状达到临床治愈后，治疗可能需要至少 6 个月定期复诊。

（5）如何自我监测症状，以及自我监测患者感知到自己的康复。

（6）副作用，一些副作用可能持续整个治疗过程。

（7）撤药症状，以及如何将这些症状降至最低。

3. 停用阶段

如果打算停药，需要与处方药物的医师讨论。通常必须分阶段减量（"逐渐减停"）。如何减少也要与医生商量，大多数人最终可以成功停药。

正在服用抗抑郁药物的患者，如果突然停药、漏服或自行减量，可能会出现撤药症状。并非所有人都会出现撤药症状，且症状类型和严重程度因人而异。症状可能包括眩晕或头晕、睡眠障碍、恶心、心悸、疲劳、头痛、关节和肌肉疼痛等。

撤药反应并非在每个人身上发生，发生的症状也各有不同，除与药物使用时间、药物种类、剂量、撤药反应史有关外，还与个体对抗抑郁药的代谢能力、对药物抑制效应的敏感程度、患者心理因素等都有关。

撤药须循序渐进，成比例减量（如减少末剂量的 50%）；随着剂量的降低，考虑使用更小的减量幅度（如 25%）。撤药症状可能很轻微，在减少抗抑郁药物剂量或停药后的几天内出现，通常在 1~2 周内消失。

抑郁通常不会一停药或减量就立即复发。如果出现更严重的撤药症状,可以以原始剂量重新使用抗抑郁药,待撤药症状消失后再以更慢的速度及更低的幅度减量。即使重新开始服用抗抑郁药或加量,撤药症状也可能需要几天才能消失。撤药后还是必要复诊,监测及复查包括撤药症状和抑郁症状的反弹。

三、情绪稳定剂锂盐的用药须知

锂盐是一种情绪稳定剂,在心理疾病的治疗中广泛应用,疗效明显。在患者使用时有很多需要加以关注的用药小技巧。

(1)晚间单次给药的服用方法较优。

(2)治疗前应评估体重、肾功能、甲状腺功能、血钙水平,治疗期间至少每 6 个月监测一次。

(3)用药 12 小时后、起始治疗 1 周后及每次调整剂量 1 周后监测血锂水平;然后,每周监测一次,直至血锂稳定。根据血锂水平调整剂量,直至达到目标水平。

(4)在心境状态变化期,身体内的锂水平可能会发生变化。

(5)患者日常用药中需关注影响血锂水平的药物,如血管紧张素转换酶抑制剂、血管紧张素 II 受体阻滞剂、利尿剂和非甾体抗炎药(NSAID)等。

(6)锂中毒的症状,包括腹泻、呕吐、震颤、共济失调、意识模糊和抽搐。

(7)迅速停用锂,复发疾病的风险会提高,也会增加难治性症状的风险。

(8)在接受锂盐治疗时,应保证稳定的盐摄入。在运动或炎热的夏天,大量出汗严重时可引发锂中毒,患者应酌情进食一些含盐量较高的食物。

四、药物治疗早期的不良反应及处理

抗抑郁药起效较慢,患者往往首先体会到不良反应,然后体会到疗效。治疗早期的不良反应主要是焦虑、失眠,以及恶心、呕吐、食欲下降等。症状总体比较轻微,随着症状的控制逐渐消失。早期的不良反应存在个体、疾病及药物差异。

(1) 个体差异:部分患者本身对较敏感。

(2) 疾病差异:伴有焦虑尤其是惊恐发作的患者对不良反应更为敏感。

(3) 药物差异:有些药物因具有激活性,在早期引起焦虑失眠的可能性较大。

但是即使如此也无需过分担心。处理方法包括小剂量开始治疗、缓慢加药量、短期合并一些帮助睡眠的药物等。

五、药物长期治疗的不良反应及处理

抗抑郁药总体安全性良好,严重问题相对较少,但并非完全没有。常见表现包括体重增加、心脏方面不良反应等。与治疗早期不良反应类似,长期治疗过程中的不良反应同样具有个体及药物差异。

针对这类长期用药的不良反应,有以下应对方式:适当降低抗抑郁药剂量;对症处理,如针对体重增加患者,可加强锻炼,限制饮食,心脏不良者,可定期监测;心理治疗,即对于存在性功能障碍的患者,可予以心理治疗帮助缓解。

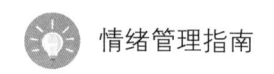

六、给特殊人群的一些忠告

1. 备孕女性

育龄期女性应将自己的意愿、需求在开始药物治疗前就告知医生,共同设计治疗计划,完全拒绝心理疾病的药物治疗,反而会拖延或加重疾病。

怀孕产子是一件大多数人都希望完美而不留遗憾的事情。很多女性在意识到自己怀孕时,往往已经怀孕一段时间了。如果备孕女性完全不希望自己在这段时间服用药物,必须在受孕前 10~12 周即停止治疗。

2. 哺乳期女性

评价药物的哺乳安全性时,相对婴儿剂量(RID)是一个很有用的指标。该指标就是婴儿从母乳中摄入的活性药物剂量与母亲摄入剂量的比值,一般情况下 RID<10%视为安全,RID<5%时推荐母乳喂养。

理论上,一种药物进入母乳的量取决于很多因素,包括给药途径、吸收程度、药物自身的化学特性等。一般而言,分子量小、分布容积低、血浆蛋白结合率低的脂溶性药物更容易进入乳汁。

抗抑郁药在精神药物中属于哺乳安全性比较理想的,在婴儿体内含量很低或检测不到,副作用很少见。其中,舍曲林可作为首选。唯一禁用于哺乳期的抗抑郁药是多塞平。

七、存在自杀风险的青年患者

18~25 岁患者或被认为自杀风险较高的患者使用抗抑郁药前,可以利用视频或电话的方式，评估精神状态及情绪，最佳选择应面对面评估。药物治疗早期，自杀观念，自伤、自杀的可能性增加，因此身边人需确保风险管理策略到位。开始服用抗抑郁药物或加量1周后及时复查、评估自杀倾向。

用药剂量应循序渐进，防止过量毒性风险。

八、老年患者使用抗抑郁药

老年患者应考虑总体躯体健康，以及抗抑郁药与正在使用的任何其他药物之间的潜在相互作用，仔细监测副作用；警惕跌倒及骨折；警惕低钠血症，尤其是当患者存在低钠血症的其他高危因素，如同时使用利尿剂。

九、关注食物对药物的影响

一日三餐及含有某些成分的保健品均可能与特定药物发生相互作用，轻则影响疗效，重则危及患者安全。在抗抑郁药物中与食物有相互作用的是：

（1）西柚和西柚汁：受西柚汁影响的常用精神科药物包括阿普唑仑、丁螺环酮、舍曲林等。使用这些药物期间进食西柚或西柚汁，可能需要调整药物剂量，以避免过量毒性。

（2）食盐：锂盐也是一种金属盐，食盐摄入较少时，血锂水平升高，反之亦然。

（3）牛肝、陈年香肠及奶酪、含酪胺的酒类：正在服用单胺氧化酶抑制剂（MAOI）的患者难以代谢酪胺及其他胺类，这些内源胺可导致足以威胁生命的交感神经兴奋危象，故需忌口。

十、抗抑郁药成瘾的传闻

药物成瘾，通俗说就是药物依赖、药瘾，是指服用某种药物后产生心理上、躯体上的依赖。心理依赖主要特征就是强烈渴望用药，甚至会想方设法获得药物。躯体依赖主要特征有：当停用依赖性药物时躯体会产生各种不适症状，必须继续用药才能避免这种不适；由于长期反复用药，药物效应逐渐减弱，为取得满意的效果必须增加剂量，因而药量愈用愈大的耐受问题。

目前，精神科所使用的主流抗抑郁药，是经过长期的临床应用后证实不会产生药物依赖，也不产生耐药性的。

抑郁症患者服药的初衷是缓解抑郁情绪，达到正常稳定的情绪，而不是去追求超乎正常的额外的愉快或快感。当达到有效剂量后，可长期服用有效剂量去维持，这也是与镇静剂（或酒精，甚至毒品）不同的地方，抗抑郁药不会出现需要持续不断加量以达到同样效果的情况。

由于治疗用药需要一段较长的时间，包括药物起效、疗效维持和巩固，而且服用药物后几日血液内就会有相对稳定的药物浓度，长期用药后大脑发生适应性改变。此时不合理的停药会打破这种稳定，出现一些症状的反复和加重，会导致大家误认为的药物依赖或成瘾。

十一、抑郁症的共病药物治疗

很多抑郁症患者同时患有躯体疾病，躯体疾病患者罹患抑郁症的比例也很高。建议抑郁症共病患者开展综合性的治疗，而非选择性地服用药物。抑郁症共病躯体疾病并非简单的巧合，背后存在着复杂的机制。

已有研究显示，抑郁症的存在会升高某些特定躯体疾病的发生风险，对于已患有躯体疾病者则会导致症状更重。就目前所知，抑郁症与痴呆/阿尔茨海默病、心血管疾病/事件、代谢综合征、糖尿病、特定自身免疫性疾病、药物滥用等均有相关性，甚至部分与严重程度也有关系。抑郁对共病的影响既可能来自直接的生物学机制，如炎症等，也可能来自间接的社会心理因素，如通过影响患者自我照料、寻求治疗、遵循医嘱的能力诱发或加重共病。

十二、基因检测

这是当下较为流行的检测手段。其中，遗传药理学检测可以提供一些有用的信息，如个体对特定抗抑郁药的代谢能力。这些药物进入体内会被怎样代谢，究竟是应正常使用、谨用还是高度慎用。理论上，一名超慢代谢者有可能使用的反而是超高剂量的抗抑郁药，这就容易出现安全性问题。这样的检测让临床医生可以通过可靠的信息降低药物剂量，甚至避免使用某些药物。从而将"经验治疗"提升至"精准治疗"。

作者介绍

▶ 葛艳

主管药师、审方药师、执业药师；

上海市浦东新区精神卫生中心（同济大学附属精神卫生中心）临床药师；

上海市医学会临床药学专科分会精神药物学组成员；

主攻精神科临床药学，擅长精神科药物科普工作；

2017年度上海市医院协会临床药师培训优秀学员；

2018年度上海市浦东新区优秀药师；

承担及参与院级以上科研项目三项，发表论文数篇。参编精神、心理科普书籍读物2部。以第一作者撰写《精神专科医院药学门诊基于PDCA管理模式的应用与效果》，获第11届上海市医院管理学术大会三等奖。获得2020上海医院协会精神卫生中心管理专业委员会"乐在欣中"抑郁焦虑解析大赛获优秀奖。获得2022上海市医学会精神医学学术年会举办的第二届精神心理医学科普作品大赛"优秀作品奖"。

我真的焦虑了吗

后疫情时代，焦虑已经成为生活的一部分。早在2019年，一项全国流行病学调查研究发现，我国焦虑症的终生患病率为7.3%，位居众多精神疾病之首[①]。生活中我们也会经常听到"我好焦虑""我焦虑了"等字眼，然而，这等于焦虑症吗？日常我们的焦虑是否能达到焦虑症的诊断，焦虑症有哪些病因，要怎样干预？接下来就让我们一起认识这个疾病——焦虑症。

一、焦虑症与焦虑的区别

如果知道了哪些属于焦虑，哪些不属于，就可以更好地理解焦虑的特点。焦虑是一种常见的情绪状态，比如可能害怕考试没法通过，或到了最后期限还未完成任务而表现出紧张不安，这就是焦虑的表现。通常对于这种焦虑，我们会采取一些积极的应对方式，比如突击复习或转移注意力，顺其自然地面对。这种焦虑是一种保护性反应，称为生理性焦虑。但是，当焦虑的严重程度和客观事件或处境明显不符，或持续时间过长，就变成了病理性焦虑。

焦虑有不同的表现形式和强度。轻者可能只是内心的不安，严

[①] HUANG Y, et al. Prevalence of Mental Disorders in China: a Cross-Sectional Epidemiological Study[J]. Lancet Psychiatry, 2019, 6(3): 211-224.

重者如惊恐发作，可能出现心悸、晕眩、气急等症状。这是指强烈的恐惧或者躯体不适骤然发作，症状在几分钟内达到顶峰。在焦虑时同时出现下列四种以上症状就可诊断为惊恐发作：呼吸短促、心悸（心跳急促或者心律不齐）、战栗、颤抖、汗流不止、恶心反胃和腹部不适、麻痹、头昏眼花或站立不稳、与身体的分离感、发热或打寒战、害怕自己会死、害怕自己发疯或失去理智。如果只是在某种情况下才会焦虑，则称为条件性焦虑（situational anxiety），与平常的害怕不同，条件性焦虑是经常出现不切实际的焦虑，如对在高速路上驾驶、看医生、跟配偶在一起这类事情都会过分担忧。如果开始回避这些事情了，那么已经患恐惧症了，如不敢在高速路上开车，生病不敢看医生，或者不愿面对配偶。换句话说，恐惧症是对情境永久回避的条件性焦虑。

为可能发生的事感到难过或感到害怕，提前感到焦虑，这就是预期性焦虑（anticipatory anxiety）。有时这种表现很轻微，甚至无法将其与日常的担心区分开来；也有可能预期性焦虑十分严重进而发展成预期性惊恐（anticipatory panic）。而自发性焦虑（或惊恐）区别于预期性焦虑（或惊恐），两者有一个显著的区别。自发性焦虑一般是由伤心引起的，情绪一瞬间达到顶点，然后逐渐平息下来。通常 5 分钟内情绪就会达到高潮，然后经过一个小时左右，情绪就可以平息下来。而预期性焦虑一般是逐渐累积的，起因是想象到自己陷入了危险情境，也可能在一个小时甚至更长的时间里一直忐忑于自己会突然为某事发狂，但当其他事占据了脑海时，又可以平静下来。

二、为什么会出现焦虑症

患有某种焦虑症,可能会关心致病的原因,会问自己:"为什么我会遭受惊恐发作?是因为遗传,还是因为受我成长经历的影响?什么原因导致了恐惧症状的进一步恶化?为什么我害怕一些我明明知道不危险的东西?"

但事实上,导致焦虑症产生的原因是多方面的,无论是家庭、社会,还是个人的遗传和生理,都是非常重要的因素。因此,要想找到焦虑症的病因,就需要从多个方面入手。目前研究显示原因众多,这里介绍重点。

1. 遗传因素

研究发现,如果同卵双胞胎的其中一个患焦虑症,另一个患焦虑症的概率为 31%~88%;而异卵双胞胎中一个有焦虑症,另一个有焦虑症的概率为 0~38%。如果有相同的基因构造,那么一个有恐惧症和焦虑症,另一个有相同问题的可能性就是一般人群的两倍[1]。(一般人的发生率是 8%~10%)。这些表明:成长于同一个家庭,即有相同的父母,至少对焦虑症的形成有一定影响。先天遗传和后天养育两者共同起着作用。所遗传的东西可能是一种综合的人格类型,这种人格类型促使个体过度焦虑。一旦天生就具有这种高度敏感的个性特征,就很有可能有这种或那种焦虑症。但这也受所处的特定环境和所受的教育方式影响。

---

[1] ASK H, et al. Genetic Contributions to Anxiety Disorders: Where We Are and Where We Are Heading[J]. Psychol Med, 2021, 51(13): 2231-2246.

2. 神经生物学因素

目前关于焦虑障碍的具体致病机制不明,在焦虑障碍的生物学病因中,神经生物化学领域备受关注,包括γ-氨基丁酸、儿茶酚胺、多巴胺、5-羟色胺(5-HT)等多个系统。既往研究发现,焦虑障碍患者的脑脊液、血和尿液中肾上腺素(NE)代谢产物增加,减少蓝斑发放并降低去甲肾上腺素活动的药物(如可乐定、苯二氮䓬类药物),有减轻焦虑的作用[1];能促使蓝斑发放并增加去甲肾上腺素的药物(如育亨宾)可以激发焦虑。临床发现,应用增加突出间隙 NE 和 5-HT 浓度的 SNRI 类药物,也可以治疗焦虑。各种神经递质失平衡状态可能是焦虑障碍的重要原因。近几年研究显示,脑内含量最多的神经营养因子 BDNF 在焦虑障碍患者的血浆中水平明显低于健康人群[2]。

3. 社会心理因素

(1)童年经历

研究发现,成年后有惊恐发作和患有广场恐惧症的人,通常情况下,他们童年期有过分离焦虑症,即与父母分离时,去上学甚至睡觉前,儿童体验到的焦虑、恐慌以及身体不适等症状。成年后,当离开"安全"的人或地方,这些人也会感到焦虑[3]。在童年所有经历中,导致焦虑倾向的原因如下。

---

[1] MCCALL J G, SIUDA E R, BHATTI D L, et al. Locus Coeruleus to Basolateral Amygdala Noradrenergic Projections Promote Anxiety-Like Behavior[J]. eLife, 2017, 6:e18247
[2] LOS K & WASZKIEWICZ N. Biological Markers in Anxiety Disorders[J]. J Clin Med, 2021, 10(8):17
[3] BOURNE E. The Anxiety and Phobias Workbook[M].Oakland:New Hanbinger Publications, 2015.

①父母表现出对世界过分谨慎的态度：恐惧症患者的父母不仅更有可能有恐惧症，也比一般人更容易害怕和焦虑。通常情况下，他们过分关注子女身边一些潜在的危险。他们可能会反复地说："下雨了，不要出去了，否则你会感冒的""不要一直看电视，否则会有损你的眼睛"或者"要非常小心"。他们越是在孩子面前表现出害怕、过分谨慎的态度，他们的孩子就越会把世界看作是危险的地方。得知外部世界是危险的，自然就会限制自己的探索和冒险行为。在成长的过程中，也会经常倾向于过分地担心，并过分地关注安全问题。

②父母过分挑剔，并设置了过高的标准：如果父母要求过于严格、过于完美，其子女就不会很确信自己是否被接纳。他们经常怀疑自己是否真的足够好或有价值。因此，他们为了取悦父母，并赢得父母赞许，而不断地努力。成年后，他们也可能为了取悦他人，而牺牲自己的真情实感和独断能力。在成长的过程中，他们总是没有安全感，并可能会过分地依赖某一个人或者某一个安全的地方，在那些可能会"丢脸"的公共场合或社交场合约束自己的言行，把父母的价值观内化为自己的价值观，从而变得异常追求完美，并且对自己要求十分苛刻（或者对别人吹毛求疵）。

③不安全和依赖的情绪：一直到四五岁，孩子都是完全地依赖他们的父母，尤其是妈妈。在这个年龄阶段，任何一个引起不安全感的情境都会导致孩子过度的依赖，并且这种依赖很持久。部分父母的过于苛刻和追求完美，可能是我们缺乏安全感和日后喜欢黏人的普遍来由，这些人日后患有焦虑症可能性较大。由于父母的离异或者死亡，而遭受忽视、排斥、遗弃；或者是体罚以及性侵犯，都

会导致不安全感（以及情感依赖），这是形成焦虑症的基础。焦虑症患者中，有 20%～25%的人成长于父母一方或双方酗酒的家庭，这是部分患者患病的一个普遍原因。酗酒者的子女在成长过程中有如下特征：强迫控制、回避感情、很难相信其他人、承担过多的责任、想的很多或什么都不想、极度渴望取悦他人，甚至以牺牲自己的需要为代价。尽管并不是所有的酗酒者的成年子女都会有焦虑症，但是上述的个性特点在有惊恐和/或恐惧症状的人身上是很常见的。

④父母限制孩子独立作决断：父母也许不仅仅助长孩子的依赖性，还压制其表达自己情感和坚持己见的固有能力。比如，人在孩提时，由于大声说话、做出冲动的行动、发脾气而不断地受到斥责和惩罚，那么长大后，他/她会约束甚至惩罚自己表现出本能冲动和感情。如果这些冲动和感情被压制得太久，它们会在压力之下再度发生，导致焦虑甚至是恐慌。一般而言，童年时习得不外露自己的感情并不表达的人，更容易紧张，更有可能焦虑，并且成年后也没有表达自己想法的能力。当然，这种童年的压抑状态还会导致日后的沮丧和消极感。从这两种情况可见，学会表达自己的感情，变得更自主一些，对个人将有极大的影响。

（2）长时间累积的压力

如果压力在一段时间内持续不减，比如持续许多个月或者许多年，压力很可能会累积下来。相比较由于搬家、天气恶劣或短期经济危机带来的一般性、暂时性压力，这种累积下来的压力更持久。累积的压力可能由持续了很多年的未解决的心理冲突引起，也可能是由于生活中的某一个时期所经历的困难，比如婚姻问题、身体健康问题，这些困难持续了很长一段时间，也可能是由于一大堆生活事件同时发生。生活事件包括生活道路的改变,要求对计划做出新的调整和适应,比如退学、换工作、结婚或者亲密关系的终结、到一个新的环境、生孩子、孩子离家等等。一年之中发生一个或两个生活的变故是很平常的,也是可以掌控的,但是如果一系列的变故同时发生在一两年时间里,会导致人陷入慢性的压力和疲惫状态。

我们已经知道,压力会增加发生身心障碍的危险,比如高血压、头痛、溃疡。直到最近,我们才认识到心理障碍也可能是压力累积的结果。随着时间的推移,压力会影响到大脑中的内分泌神经控制系统,这个系统对情绪障碍起着重要作用,比如焦虑症。压力本身并没有什么特殊的作用,但它对神经系统中的薄弱点有着巨大的影响力。如果压力作用于心血管系统,可能会得高血压或是周期性偏头痛。如果压力正好作用于大脑的内分泌和神经传导系统,可能更易出现行为障碍,比如情绪不稳定、广泛性焦虑或惊恐发作。简而言之,累积的压力无论是引起头痛、疲劳还是惊恐发作,都取决于哪个部位更脆弱。那个脆弱、极易受伤害的部位也许受到遗传的影响。基因、累积的压力和童年经历都可能引起某种特定的焦虑症。

三、焦虑症如何治疗

目前对于焦虑症的治疗通常都是药物治疗和心理治疗相结合。

1. 药物治疗

焦虑障碍的类型很多,包括广泛性焦虑障碍(GAD)、惊恐发作、社交恐惧症、恐惧症、分离焦虑障碍等。不同类型的焦虑障碍有不同的治疗方案,这里主要介绍最常见的类型,见表5。

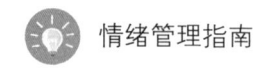

表 5 常见焦虑障碍及治疗方案

疾病类型	药物治疗
惊恐发作	SSRI：氟西汀、帕罗西汀、氟伏沙明 SNRI：文拉法辛 NaSSAa：米氮平
广泛性焦虑障碍	SSRI：艾司西酞普兰、帕罗西汀、舍曲林 SNRI：度洛西汀 5-HT 部分激动剂：丁螺环酮、坦度螺酮

2．心理治疗

（1）情感方面：抑制情绪，特别是抑制生气的情绪，可能是引起慢性焦虑和遭受惊恐发作的重要原因。通常情况下，恐慌的感觉只是沉浸于生气、沮丧、悲伤或绝望的表象。很多有焦虑症的人在成长的过程中其原生家庭不鼓励表达自己的情绪，所以成年后可能对确认自己当时的情绪都感到有困难，更不要说表达这些情绪了。

（2）行为方面：恐惧症会因为单一回避行为的存在而持续。如果拒绝到高速公路上驾车、过桥、在公共场合讲话或者独自待在家里，就会一直害怕面对这些情境。因为逃避行为焦虑被强化：如果不去面对让你害怕的东西，那么就不必去应对；如果要面对所必经的焦虑，则会一直保持着恐惧的心理去回避它。

（3）心理方面：内心独白，又称作自我对话，对焦虑的状态有很大的影响。具有各种类型的焦虑症的人倾向于过多地考虑"如果……该怎么办？"在面临他们所害怕的事情之前就想象最坏的结果。想着"如果……该怎么办？"这种可能出现的情况来恐吓自己，这传统上叫做担心。自我批评式的思考和完美主义者的自我对话（告诉自己"我应该""我不得不""我必须"）同样会加剧焦虑。

（4）人际关系方面：人们的大多数焦虑来源于人际关系中遇到的困难。当与别人交流自己的感情和需要而遇到困难时，可能会发现自己饱受沮丧情绪的折磨到了长期紧张和焦虑的程度。这种情况同样会发生在无限度地接受或不能拒绝别人的要求或请求时。

（5）自我方面（自尊）：在引起焦虑症的所有原因中，缺乏自尊是最为深层的。如果成长于一个功能失调的家庭，这样的家庭缺乏各种应有的关爱和照顾，充斥着虐待或忽视，则孩子的自我价值感很低，结果，成年之后，他/她可能依然缺乏安全感，感觉害羞和力不从心。而这些往往以惊恐发作、恐惧到野外去（广场恐惧症）、恐惧当众受辱（社交恐惧），或者广泛性焦虑等方式更清晰地表现出来。通常情况下，缺乏自尊与上述所有的原因都有关，特别是缺乏自信、自我批评或完美主义的自我对话以及表达情感上的困难。

（6）存在主义的和精神的方面：有时候，人们可能已经在前面提及的所有原因上得到了改善，但依然会感到焦虑。他们依稀地感到不满意、空虚或者对生活厌倦，这些感觉可能会引起恐慌或慢性的、一般意义上的焦虑。有很多人发现找到能使他们生活更有意义的目标或方向是解决焦虑问题的最终办法。焦虑症状可能是一种心理表达方式，它督促我们探索并实现现实生活中尚未实现的潜能，不管是涉及智力的发展、情感的发展，还是更多地发挥身体潜能。不要只是认为恐慌或恐惧是生理的、情感或心理因素的消极反应，有时可能会惊奇地发现，这些能够使我们了解自己所有的潜能。

当生活中出现许多状况时，产生焦虑是合情合理的，认识到这一点对自己大有裨益。正确地识别焦虑症的特点，了解焦虑症产生的可能原因，无需为患有焦虑症而感到焦虑，坦然面对这一疾病，并积极寻求医疗帮助，这是我们战胜焦虑症的法宝。

作者介绍

▶ 陶凤芝

上海市交通大学医学院精神病与精神卫生专业硕士研究生；

上海市浦东新区精神卫生中心(同济大学附属精神卫生中心) 心境障碍科医师；

擅长精神病临床高危人群的识别与发病机制研究。

关爱围生期妇女心理健康

一位刚生产数周的新手妈妈来就诊，自述"我不知道自己怎么了，以前很开朗的，现在每天就是哭，孩子哭我也哭，孩子笑我也不开心，感觉我是这个世界上最没用的人"。这样的案例在我们日常生活中并不鲜见，有些妈妈在生完宝宝以后，会突然变得多愁善感，时常表现出情绪低落、忧郁不安，为一点小事哭泣，心情烦躁，焦虑不安，失眠。遇到这种情况，产妇本人和家属就要重视了，因为这些症状很可能是产后抑郁的表现，如果任由不良的抑郁情绪发展，后果不堪设想。

产后抑郁症并不是罕见的疾病，它是常见的女性精神障碍类型的疾病，患病率约为 3%~6%[1]，如果不及时治疗，会影响产妇的健康、婚姻质量和家庭关系。产后抑郁还可能对母婴之间的互动方式、婴儿未来的认知和情绪发展产生消极影响[2]。与非抑郁的母亲相比，抑郁的母亲很少积极地和婴儿交流，母婴之间互动比较消极，不能很好地回应婴儿的哭泣。如果母亲抑郁，婴儿可能会放弃发送情绪信号，通过吸吮和摇摆来尽量地安慰自己。如果这种防御性的反应

---

[1] 陆林.沈于邨精神病学[M].北京:人民卫生出版社,2017
[2] KESSLER R C, BERGLUND P, DEMLER O, et al. Lifetime Prevalence and Age-of- Onset Distributions of DSM-IV Disorders in the National Comorbidity Survey Replication[J]. Arch Gen Psychiatry. 2005,62(6):593– 602.

成为习惯,那么婴儿将会发现母亲是不可靠的,甚至认为整个世界是不值得信任的,婴儿的心里也会埋下抑郁的种子,在成年后也会成为抑郁症的高发人群[①]。所以,在该疾病发生时一定要及早干预治疗,避免产生无法挽回的后果。

一、具体表现

产后抑郁多在生产后的 2 周左右开始发病,4~6 周时症状最为明显,6 个月后症状逐渐缓解,大部分预后较好,而严重者的症状可以持续 1~2 年。该疾病的症状通常和临床上的抑郁症表现类似,显著的核心症状是心情低落,持续时间较长,伴有心理功能下降和社会功能受损,主要包括了以下几个方面。

1. 情绪低落

患者常感到心情压抑、沮丧,有自罪感、无用感和无安全感,对自身、周围环境和今后的生活感觉消极。正如本病例所示,患者整日以泪洗面,对照顾婴儿产生深深的无力感。患者会对任何事物都缺乏兴趣,即便是面对自己以前的爱好,也很难产生愉快体验。比如,患者在生产前喜欢"追剧",患病后完全不想点开视频网站,即使喜欢的剧集正在播放也无法提起兴趣观看。

2. 自我评价低

患者常常陷入自我批评,自我评价较低,认为自己不如别人。往往自暴自弃、自责、自罪,甚至有可能对身边的人充满敌意和戒

---

① MARILYN J E, KLEIN M H, CHO E, et al. Maternal Stress Beginning in Infancy May Sensitize Children to Later Stress Exposure: Effects on Cortisol and Behavior[J]. Biological Psychiatry, 2002, 52(8):776.

心。与家人和丈夫的关系紧张,容易争吵。比如新生儿体重增长慢,患者会认为是自己的奶水不够多,整日自怨自艾,即便家人表示宽慰,患者也会病态地曲解家人的关心,认为是在讽刺挖苦自己。

3. 思维迟缓

患者的创造性思维受损,思维主动性降低,常常感到思考事情很吃力,难以集中精力,无法支撑起正常的思维,难以清晰地思考,无法做出哪怕很小的决定;日常生活变得效率极低,进而出现挫折感和厌恶感。家属会发现患者的反应很慢,对话时完全无法理解自己的意思,或者需要思考很久才对答。患者会连给新生儿患尿布、冲洗奶瓶这些简单的操作都会忘记步骤。部分患者甚至会有脑袋空空如也、完全无法思考之类的感觉。

4. 缺乏信心

表现为对生活时常缺乏信心,觉得生活无意义,病情严重者会感到绝望,出现消极的言语和行为,甚至出现幻觉。患者常觉得自己无法胜任照顾婴儿的任务,甚至对自己和孩子,以及整个家庭的未来都产生悲观的想法。

5. 躯体症状

通常表现为食欲减退、厌食,入睡困难、早醒(如凌晨 2~3 点便醒来,醒来后难以入睡)、噩梦连连、容易惊醒,困倦易疲劳。还可能伴发头晕头痛、恶心、胃部及食管的灼烧感、便秘、呼吸心率紊乱、乳汁分泌减少等。这些躯体上的不适进一步加剧了病情发展,使患者感到痛苦难当。

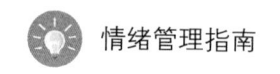

二、产后抑郁的病因

产后抑郁症的病因较为复杂，国内外都为此做过大量研究，充分认识了该疾病的相关危险因素，能够为预防和治疗提供有效帮助。

1. 内分泌因素

产褥期的整个过程中，产妇体内的环境会发生很大改变，内分泌的改变是产后抑郁发生的重要生物学因素。在妊娠后期，雌激素、催乳素、皮质醇、黄体酮、甲状腺激素等都会达到高峰，这时的孕妈妈们常常会有将为人母的幸福体验。而分娩以后，这些激素在体内的水平会迅速回落，导致不同程度的抑郁症状，大约 80% 的女性在分娩后都会体验到情绪低落。与此同时，产妇经过妊娠、分娩，产生了机体疲劳、精神紧张，以及神经机能状态不佳等状况，又会进一步导致内分泌机能下降。

2. 人格特质影响

人格特质是产后抑郁症发生的基础，该疾病患者常有情绪不稳定、对外界反应敏感和性格内向等人格特征。产妇本人在年幼时期因为各种原因和父母分离，或青少年时期的不良经历对人格有一定的塑造作用，容易在个体成年后产生致病性的应激影响。有些临床研究表明，拥有强迫和焦虑性格的产妇易患产后抑郁症。

3. 不良生活事件及社会因素的影响

在目前的社会环境中，女性围生期容易遭受的负性生活事件较多，比如，因为怀孕、照料孩子而辞职导致经济拮据，因为孩子的性别不符合家庭的预期而遭受冷落，因为孩子整夜哭闹频繁夜奶导致的睡眠不足，孩子的体重过轻过重或孩子生病，都会使孕产妇产生应激压力与负性情绪。这是诱发产后抑郁症的重要诱因。而来自丈夫及父母亲友的支持能有效增加产妇的情感耐受性，丈夫的作用尤其重要，在围生期丈夫的全程陪伴有助于降低产后抑郁症的发生风险。

4．既往身体情况的影响

合并有诸如甲状腺功能减退、糖尿病、先兆子痫等内科疾病的产妇产后抑郁的发生概率较高。患者有可能因为围生期担心自己和孩子的身体状况，在巨大的压力下心理变得脆弱。既往的精神疾病史，特别是抑郁症病史，是产后发生抑郁的高危因素。既往的情感障碍史、月经前抑郁史均可作为产后抑郁的预测因素。

5．遗传因素影响

在产后抑郁症患者的家族中，单双相情感障碍的发病率均高。有精神病家族史，特别是抑郁症家族史的产妇产后抑郁发病率明显高于无家族史的产妇。

三、发现产后抑郁需要怎么做

产妇及家属一旦发现有前述的抑郁症状，需要提高警惕，加强观察。如果症状已经影响到日常生活和社会功能，就需要尽快到专业的精神科或心理科门诊就诊了。有的患者家属认为去看精神疾病是一件很丢人的事，甚至在产妇抑郁发作时对其大声埋怨，这类言行对于处在疾病煎熬中的患者无疑是雪上加霜。这时，患者和家属应摒弃病耻感，要明白产后抑郁是一种需要医疗干预的疾病，一定要及时就医。

产后抑郁不仅困扰产妇，更是一个家庭的问题，不能让患者独自一人承受疾苦。产妇的家人，尤其是丈夫，也需要正确认识产后抑郁症。丈夫对妻子的全力支持非常有利于疾病的康复，丈夫可以告诉妻子，你很爱她，知道她的感觉很糟糕，多鼓励妻子，告诉她能够做一个好妈妈，不要太执着于把所有事都做得完美。育儿是整个家庭的责任，丈夫也需要尽可能多地参与诸如换尿布、喂夜奶这种琐事，给妻子创造休息的时间和空间。

四、产后抑郁症的治疗

1. 心理治疗

心理治疗是产妇和亲属最易于接受的治疗方法，尤其是在母乳喂养期间。该治疗方法主要是专业人员通过访谈沟通，帮助患者克服自身的不良情绪。认知治疗、行为激活、人际关系疗法、短程动力治疗、家庭治疗等都是常用的心理治疗技术。研究表明[1]，不同治疗技术对于同等程度的产后抑郁症状没有显著的差异，关键在于针对患者的特点，采取合适的方案进行个体化治疗。

2. 物理治疗

重复经颅磁刺激（rTMS）是一种较为安全的无创物理治疗手段，它通过不同的电磁频率来刺激大脑，双向调节大脑兴奋与抑制功能之间的平衡来调节大脑分泌，改善抑郁症的神经递质和激素分泌，缓解抑郁情绪。目前多采用 rTMS 与药物联合的手段来治疗产后抑郁症。

光照疗法最早应用于季节性情绪失调。该疗法治疗产后抑郁症

---

[1] 于静，董晓静. 产后抑郁症的治疗进展[J]. 心理医生, 2015, 21(015):1-3.

最吸引人的地方在于对婴儿没有任何副作用，患者佩戴家用的可穿戴光疗设备（光疗眼镜）就可以进行了。

对于重度的产后抑郁症患者，可以斟酌使用无抽搐电休克治疗（MECT）。该治疗是短时间通过适量的电流刺激大脑而达到治疗目的。电休克治疗起效较快，但可能造成治疗后一段时间认知功能受损。但对于药物治疗效果不佳或有严重消极风险的患者来说是一项有效的治疗措施。

3. 药物治疗

相当一部分患者及家属会拒绝药物治疗，是与母乳喂养的顾虑有关。世界卫生组织建议 6 个月以内完全母乳喂养，因为母乳喂养能够增强婴儿的免疫系统，增加母婴联系，对婴儿的生长发育非常有利。而研究显示[①]，所有的精神科药物，包括5-羟色胺再摄取抑制剂、第二代抗精神病药都会分泌在母乳中。其中，舍曲林和帕罗西汀在母乳中的浓度较低，对婴儿来说似乎是最安全的选择，多作为母乳喂养妇女的抗抑郁一线用药。此外，第二代抗精神病药物中的奥氮平也具有良好的母乳喂养安全性。目前的共识是，在多数情况下，为重度产后抑郁症患者提供抗抑郁药物治疗是利大于弊的。母乳喂养的母亲需要在用药前详细咨询相关的不良反应，在用药期间对婴儿进行密切的医疗观察。

4. 中医治疗

产后抑郁症在中医中属于郁症等范畴，中医认为该疾病多发生于气血亏虚、脏腑失养、心神失常的虚症。中医医疗包括中药和针

---

① 吴鹏. 产后抑郁症药物治疗现状[J]. 天津药学, 2022,(4):034.

灸治疗，不影响乳汁分泌，有利于婴儿的喂养，有其独特优势[1]。

五、产后抑郁症的预防

　　围生期妇女一定要学会察觉自己的情绪，并正确认识自己的心理问题，要明白怀孕生子是人生中非常重要的变化，在这一过程中将会面临复杂的心理状况，一边是初为人母的喜悦，另一边是情绪上的彷徨和担忧。患者可以做一些力所能及的改变，在孕期还有分娩后都尽量保证充足的睡眠，比如，在孩子熟睡时抓紧时间补觉。有些新手妈妈受了各类社交平台上诸如最美辣妈、完美丈夫、天使宝宝这类宣传的影响，会对自己、家庭其他成员还有婴儿都产生不合理的过高期待。这时，需要尽量保持平常心，放下过分完美的期望，没有天生的完美妈妈，我们需要面对很多未知的状况。对于育儿方面的疑虑，可以多和专业的人员沟通交流，产前努力学习各种科学的育儿知识。患者还需要多和丈夫还有其他亲人沟通，倾诉是宣泄压力的最好防范，学会和家人分享自己的在育儿过程中的压力和不良情绪，对调节心境会有很大的帮助。

---

[1] 李清亚, 王晓慧, 宋瑞华, 等. 中医治疗产后抑郁症[J]. 现代中西医结合杂志, 2008, 17(5):800-801.

作者介绍

▶ 李欣

上海交通大学医学院精神病与精神卫生学专业硕士研究生；

上海市浦东新区精神卫生中心（同济大学附属精神卫生中心）精神科主治医师；

国家二级心理咨询师，中级心理治疗师；

从事精神科诊疗工作10年，参与国家"十二五"科技支撑计划课题主要研究情绪调节及脑电生理方向，在国外期刊发表论文数篇。

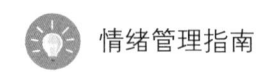

心理康复，帮助您摆脱心灵困境

虽然心理康复理论与技术有着长久的历史积淀和数十年来的发展，但随着医学模式的转变及健康观念的不断完善，心理康复内涵的多维度及对环境的高要求仍然受到广泛关注。心理康复的目标不仅仅是缓解症状、降低复发率，更重要的是促进个体在躯体、心理、社会功能诸多方面达到良好状态，即改善与提高患者生活质量和社会功能。

一、心理康复原则

（1）充分尊重患者，与他们建立平等、和睦、协作的关系，给予患者感情上的支持，取得他们的信任与配合。

（2）在充分了解患者的病情，注意其病态心理的同时，更要注意发掘患者自身的积极因素，并尽可能地采取措施加以增强和扩展。鼓励患者诉说自己的各种误解和担心，并给予有说服力的解释和有力的保证，使患者逐渐理解自己的疾病性质，树立战胜疾病的信心。

（3）了解患者与其家庭、社会相处中存在的问题，对他们失去平衡的状态做客观的分析，并给予正确的指导，设法使之恢复正常。如对患者可能存在的不良生活习惯、与人沟通的困难、不切实际的要求等，医生可以为患者提供针对这些问题的正确信息，引导他们认识自己的缺陷，再采用劝告、指点、传授、建议等方法，帮助他们修正和改进错误的观点与处事方法，建立新的良好的心理习惯和社会习惯，使他们重新融入家庭、社区和社会。

（4）引导患者积极介入心理康复的全过程，而不是让他们在此过程中只是被动地接受服务。如在实施康复措施时，药物治疗是必不可少的，但最常见的是由于各种原因引起的患者对药物治疗的依从性降低。如果这个问题处理不当，很可能无法建立良好的医患关系和护患关系，使患者和家属对药物治疗产生更大的误解和疑虑，甚至导致患者藏药、拒药或自行停药，造成整个治疗的失败。因此，医生必须从开始就给予足够的重视，并想办法使患者及其家属了解药物治疗的原理和重要性，不断强化他们对药物治疗的认识，争取他们主动配合。

（5）康复的目标不应该只是关注消除患者症状和社会功能恢复，而应该是通过生物、心理、社会的各种方法，使由于精神残疾所导致的社会功能损害得以恢复，促进患者在社区生活、学习、工作所必需的躯体、情绪、和智能等方面的技能。促进个体恢复在社区中的最佳水平的过程，让患者尽快重返社会，是要促进患者的复原。

复原完全超越了疾病的症状，是一个更为广泛的概念。复原强调的是一种生活方式、一种人生态度、一种价值观念，复原是患者突破对疾病的否定，理解并接纳了患病的事实。在对患病绝望之后重新唤起对生活的希望，并对生活各方面作出主动的调整和应对，重新找回自我，而不再首先把自己看作一个有症状的病人。

因此，复原并不意味着个体不再有症状、不再有挣扎和斗争、不再使用心理精神卫生服务、不再吃药,也并不意味着个体将要完全独立地满足自身所有的需要,而是意味着个体已经可以掌控自己生活中的重大决策,已经理解了自己的生活经历,对生活已经有向前看的思考方式,能够为了促进自身健康而采取积极主动的步骤,对生活怀有希望并且能够享受生活。

二、心理康复的程序

心理康复程序的核心是要确定这次心理康复的目标,通过了解与分析,从患者的大量心理需求中选择最主要的、最关键的问题,然后确定最佳干预手段。其程序如下。

(1)了解患者的需要(评估):这是问题解决的首要环节。一般通过观察、晤谈、测验、调查等手段,收集有关患者需要的各种信息,即心理康复评估。当患者的某些需要得不到满足时,会通过心理反应来表达,如发脾气、生闷气等。这些反应也会影响患者的病情。因此,要善于捕捉、及时发现、正确判断这些信息。

(2)分析患者的需要(诊断):不同患者在不同时期都会有各种各样的需要,要归纳分析,方能较好地解决问题,即心理康复诊断。

(3)提出问题的解决方法(计划):这是决策阶段,也是运用专业知识来解决具体问题的关键步骤。根据了解和分析的结果,将主次问题先后排序,明确心理康复目标,设计如何解决问题的心理干预手段。

(4)心理康复的实施(措施):这是行动阶段,即贯彻执行计划中的各种方案和心理干预措施,也是"问题—解决"的手段付诸实践的过程。除了决策的正确性之外，心理康复的技巧在这里起决定作用。此阶段应做好记录，作为下一阶段工作的依据。

（5）心理康复的效果评价：即检查心理康复效果和计划执行情况。对照分析患者对心理康复的反应，看心理康复的目标是否实现。如果没有实现，就要分析原因，是哪一个环节发生了问题。是了解不全面，还是分析不正确，是决策的问题，还是行动上的不足。然后，根据评价来提出下一阶段新的要求。

心理康复虽然可以分解为上述 5 个步骤，但是，它是作为一个整体并动态地实施的。

三、心理康复的方法

1. 支持性心理治疗

支持性心理治疗是心理治疗的基本技术，是运用心理治疗的基本原理帮助患者克服情感障碍或心理挫折的治疗方法，适用于各类患者，具有支持和加强患者防御功能的特点，能使患者增加安全感，减少焦虑和不安。支持性心理治疗的方法包括解释、安慰、鼓励和保证，以解释最为重要。应根据患者的具体情况作必要的解释，解除顾虑，树立战胜疾病的信心。发现患者对自己的健康和前途疑虑不安时，应以事实为根据向患者作出保证，帮助患者振作精神。

使用支持性心理治疗时应注意鼓励、调动患者主观能动性。患者的依赖证明治疗关系建立的稳固性。进一步使用心理治疗技术促使患者成长，消退依赖。解释时语言应通俗易懂，避免患者曲解和误会，应避免与患者争执，不能强迫患者接受自己的意见，允许患者思想反复；作出保证时，既要坚定有力，以事实为依据，又不能轻易许诺,否则当保证不能兑现时,会破坏患者对医护人员的信心,影响心理治疗的效果。

2．认知疗法

认知疗法认为,不良精神刺激不会直接导致情绪反应,必须有认知过程及结论(信念)与态度参与。不同的结论与态度,会产生不同性质及程度的情绪反应。临床上许多情绪障碍的发生,都与患者存在不良认知和相应的认知结论与态度有关。改变这些结论和态度,就会使情绪障碍得到改善。认知疗法还认为,某些行为障碍或行为适应不良的发生,是缺乏知识及经验,不能取得正确认知的结果。提高认知水平或纠正错误观点和观念,就能提高行为适应能力和消除行为障碍。

3．行为治疗

行为治疗是根据学习心理学和实验心理学的理论及原理对个体进行反复训练,以达到矫正适应不良行为的一种心理治疗。行为主义理论认为,任何适应性和非适应性的行为都是通过学习形成的,也可以通过学习来增强和消除。行为治疗的种类繁多,但其治疗的原则和程序大致相同。常用的原则和方法有以下这些。

(1)强化原则:以强化物作为增减预期行为出现频率的刺激物。在设计强化训练时应考虑患者问题的严重程度、条件强化学习时间的长短、患者的年龄等因素。

(2)行为塑造法:是运用强化的方法,将达到终点行为的训练过程分成若干步骤,逐步塑造,最终完成终点行为。

(3)生物反馈疗法:其主要原理是,人的紧张与焦虑情绪和肌肉放松是两个相互对抗的过程。生物反馈仪将肌肉放松后的生理变化通过声光的形式反馈给患者,从而使患者学会放松肌肉,达到矫正精神障碍的目的。

(4) 森田疗法:森田疗法最基本的治疗原则是顺应自然。人的情感活动有其自身的规律,即发生、发展达到高峰,以后逐渐消失。根据这一规律,让恐怖、焦虑等情感体验顺应其活动规律,让其自然消失。顺其自然,即接受和服从事物运行的客观法则的主导,让患者的注意力从固着于病态症状逐步转向现实生活,最终打破精神交互作用;扭转情绪本位的心理状态,发扬朴素的情感,以克服理想主义的情感,达到精神康复、回归社会的目的。

(5) 音乐疗法:通过音乐的宣泄原理,缓解患者的负性情绪,改善恶劣心境和自卑心理,唤起对现实生活和感知的热情,克服退缩和逃避生活的行为。在音乐联想过程中促进患者的自我剖析,转移病态注意力,削弱攻击行为。

4. 认知行为治疗(CBT)

认知行为治疗是一组通过改变思维或信念和行为的方法,改变不良认知,达到消除不良情绪和行为的短程心理治疗方法。它不仅用于治疗抑郁或焦虑症,现在更多地用于一些具体的精神病性症状及由此继发的影响(如羞耻和丧失感)。故与目前公认的帮助精神分裂症患者解决由于丧失、残疾和羞耻而引起生活功能下降的支持性心理治疗相比,它有独特之处,即通过一个具体的技术积极地减少由精神分裂症的一些核心症状而引起的痛苦和残疾。

认知行为治疗的原则可以总结为:①确认与评估靶症状和靶行为;②检查这些靶症状和靶行为发生的前因后果;③与患者一起形成一个针对靶症状和靶行为的更适合的解释模;④评估靶症状和靶行

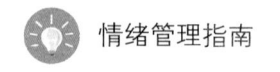

为的改变。

一些关键的认知行为治疗包括以下内容。

（1）从患者的角度建立一个治疗方案。

（2）转变患者对疾病症状的认识。通过对症状的解释，让患者学习如何辨别症状并接受症状的存在，尽量使生活正常化、现实化。认知行为治疗是给予直接积极的理解和应对精神症状，而不是去压抑它们。

（3）着眼于治疗关系和患者症状的个人意义，给予系统的干预。

（4）提供替代的医学模式，以增强服药依从性。

与传统的心理教育不同，认知行为治疗不是试图要说服或强制患者认为他有疾病症状，相反，其目的是减少症状对患者的影响或危害。认知行为治疗更多关注症状，而不是诊断，因而使患者更易接受必要的治疗，而不易引起情绪低落，避免了病情加重和其他风险。

5. 内观治疗

内观疗法是让患者反复回顾自己的人生过程，在这一过程中，通过对自身的内观体验，让患者重新感受到现在生活的幸福。内观治疗分为集中内观、日常内观和渐进内观。实施过程包括导入期、初期、中期和结束期。内观法的基本题目是了解他人对自己照顾多少，自己又对这些人回报了多少。适用于神经症、酒精依赖、抑郁症等心身疾病。通过内观过程，可以重新了解自己，减轻烦恼，提高自信，振作人生。

总之，随着社会的发展和人们生活水平的提高，患者对更彻底、更全面的心理康复的期待是强烈的，家属也希望能够为患者的康复做出更多有效的行动。加强对治疗师的交流与培训是心理康复技术发展与项目拓展的核心。

作者介绍

▶ 俞玮

上海市浦东新区精神卫生中心（同济大学附属精神卫生中心）副主任护师、康复科护士长；

从事精神科护理工作25年，擅长各种重性精神疾病的护理及康复治疗，主持多项精神康复护理相关的市区级科研项目，已发表精神康复相关 SCI 和中文论文十数篇，获得多项实用新型专利。

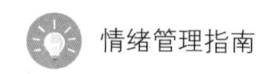

从社会工作角度谈青年心理健康服务

一、青年心理健康状况

1. 自我怀疑引发焦虑

"我是不是有心理问题？我是不是需要去看心理医生？"很多青年在深夜里失眠的时候可能会对自己发出过类似的灵魂拷问。丁香医生发布的《2022国民健康洞察报告》显示，在调查中90%的受访者认为自己有心理问题，但只有30%的人实际确诊。报告称，年龄越低的人，担心自己有心理疾病的比例越高，00后、95后和90后都位居前列，这揭示出青年人在心理健康层面上的焦虑现状。从《2022年bilibili青年心理健康报告》也可以看出，2022年有约9776万人在bilibili网站学习心理健康知识，76%为24岁以下的年轻人，心理健康相关的视频播放了超76亿次，"焦虑""抑郁""压力"等心理相关词汇搜索量达9930万。通过这些数据可以看出，心理健康问题在青年人中不再是忌讳的话题，而是青年群体关注的内容，表明了当前青年对自身心理健康的重视，以及积极调适自身心理状况的意愿。

2. 焦虑促发自我觉察

心理健康指的是一种持续的心理状态，是人的良好心理素质表现，是人的整体健康状态的必要组成部分。无论是从全社会人力资源开发和社会主义精神文明建设的角度看，还是从个人成长发展、活动效率提高以及生活品质改善角度看，心理健康服务是一项十分重要的工作。[①]心理健康问题受人生各个阶段的关注，受环境、学习、工作、疾病等各种因素影响。我国国家统计局将 15~34 岁的人划分为青年人，此年龄段的人正处于学习压力、工作压力、家庭压力等多重压力下，因此心理健康问题频发。伴随着网络的发展，越来越多的网站发布心理健康自查路径和相关科普知识。青年人自我意识较强，能及时觉察出自身的心理健康状况，运用网络对自身的心理健康进行自查，关注自身的心理健康问题，对心理健康的知识需求较大。

3. 青年心理健康问题

15~34 岁的青年，智力发展处于黄金时期，但心理发育不够成熟，心理健康状态处于一个不稳定的动态变化过程中，在处理学习、工作、社交、情绪等问题时，会产生心理失衡和危机事件。[②]根据 Beck 的理论，在环境压力源的背景下，适应不良的认知，是青年人抑郁、焦虑和攻击性发展的核心，他们容易将消极的生活实践归因于不可改变的、内部的原因，因而导致个人容易产生心理健康问题，包括

[①] 刘华山.心理健康概念与标准的再认识[J].心理科学,2001,(4):481-480.
[②] 马进.基于深度挖掘的青年心理健康信息采集系统设计[J].自动化技术与应用,2022,41(4):182-186.

焦虑、抑郁或攻击性的影响[1]。总结青年当前遇到的心理困惑，主要分为3个方面：首先是社交恐惧，即难以与他人建立心理上的亲密关系，既渴望又恐惧社交；其次是缺失生存意义感，青年经常会思考生存的意义，又时常觉得人生无意义；最后是观念混乱，对待爱情与责任的态度与世俗观念不一致，常处于传统观念的对立面，从而产生很多的心理困惑。如何缓解青年的心理困惑和心理问题，本文从社会工作的角度对此进行分析。

二、青年社会工作实践服务内容

1. 社会工作的概念

社会工作是秉持利他主义价值观，以科学知识为基础，运用科学的专业方法，帮助有需要的困难群体，解决其生活困难，协助个人与社会环境更好地相互适应的职业活动。在一些国家和地区，社会工作还被称为社会服务或社会福利服务，它是非营利性的、服务于他人和社会的职业活动。社会工作本质上是一种职业化的助人活动，是向有需要的人特别是困难群体提供科学有效的服务[2]。

2. 社会工作的方法

社会工作的工作方法有三种，分别为个案工作、小组工作和社

---

[1] SCSCHLEIDER J L, ABEL M R, WEISZ J R. Implicit Theories and Youth Mental Health Problems: A Random-Effects Meta-Analysis[J]. Clinical Psychology Review, 2015, 35: 1-9.Hleider J L, Abel M R, Weisz J R. Implicit Theories and Youth Mental Health Problems: A Random-Effects Meta-Analysis[J]. Clinical Psychology Review, 2015, 35: 1-9.
[2] 全国社会工作者职业水平考试教材编委会.社会工作综合能力[M].北京:中国社会出版社,2020.

区工作。个案工作是以个别化的方法,为感受困难、生活失调的个人或家庭提供物质帮助、精神支持等方面的服务,以解决他们的问题,增强其适应能力。个案工作把个人视为社会环境中的个人,注重人的社会方面的发展,帮助的目标是增进服务对象和周围环境或者他人之间的和谐。小组工作是以具有共同需求或相近问题的群体为服务对象,经由社会工作者的策划与指导,通过小组活动过程及组员之间的互动和经验分享,帮助小组组员改善其社会功能,促进其转变与成长,以达到预防和解决有关社会问题的目标。社区工作是指社会工作者运用专业方法解决社区问题、促进社区发展的方法和活动,是以社区居民为工作对象或服务对象,通过专业社会工作者的介入,确定社区的问题与需求,发掘社区资源,动员和组织社区居民实现自助、互助和社区自治,化解社区矛盾和社区冲突,预防和解决社会问题,从而促进社区服务质量、福利水平的提高和整个社会的进步。

3. 青年的服务内容

(1) 情感支持

"成人初显期"青年的人际关系,既相对独立又彼此依赖,既期待拥有美好富足的物质生活,又深陷个人社会经验不足的无力感。社会工作通过激发青年的优势,使青年成为行动的主体,帮助青年了解自身的心理和情绪转变;通过外部手段和内部调整等共同作用,提升个人适应社会的能力,发挥个人的优势,实现增能[1]。社会工作协助青年正确认识自身的社会身份多重性,引导其自我表达和勇于

---

[1] 张燕婷,李安琪."空巢青年"的个体化困境与社会工作介入[J].新视野,2023,(1):64-71.

宣泄，关注自身的情绪状况。同时，给予青年情绪支持，帮助青年从媒体中跳脱认知陷阱，客观评价自身，实现自我同一性。

（2）社区融入

教育的发展给予青年更多学习和工作的机会，促使青年走出舒适的家乡，到陌生的外地为生活而奔波奋斗。由于工作的变动及房租的压力等各种原因，导致部分租房居住的青年会较为频繁地更换社区，时常感觉自身是社区或城市的过客，缺少融入感。社会工作通过整合社区资源，了解青年需求，拓展社区活动内容，调整服务空间的温度，加强社区居民之间的联系，提升社区环境的温馨感，增强青年的社区融入感，帮助青年从孤独感中跳脱出来，走进社区，融入社区生活。

（3）生命教育

青年的生命教育是指通过一定的教育手段和方式，激发青年尊重生命、珍惜生命、敬畏生命，进而掌握生命的真谛和意义，实现个人自由全面的发展，以达到立德树人的目的[①]。对于产生了生命无意义感的青年，社会工作通过为青年提供生命教育课程，改善青年的生命观，帮助其客观评价自身的生活，正确认识生命意义，找到自身的价值，为自身的发展奠定基础。

（4）社会支持

青年这一群体，无论是从城市的亲缘关系，还是从家庭的代际支持来看，都是社会支持最贫瘠的层次。青年渴望平等，却处于社会支持的底层；社会对他们抱有极大期待，希望他们成为工作中的

---

① 刘风萍,李良,杨建军.青年生命教育:思想意蕴·现实困顿·实践选择[J].中学政治教学参考,2021,819(27):78-80.

主力军,但缺乏社会支持,导致他们单打独斗,面临着工作与生活的双重压力。社会支持网络的建立需要社会的互动,社会工作通过帮助青年搭建沟通交流的桥梁,促进青年间建立互助网络,增强青年的社交意识,提高社交能力,从而建立自身的社会支持系统。

三、青年心理健康服务路径

1. 社区宣传,科普预防

青年关注自身的心理健康状况,能及时洞察自身的内心世界,有心理健康相关知识的学习需求。青年能够根据需求主动在网上寻找相关的心理健康知识自我学习,这展示了青年的自我调节、自我修复意愿较强。社会工作者根据青年当下的状态和心境,为青年开展社区心理健康服务。在服务流程上,社工首先在企业和社区进行心理健康需求调研,了解青年的心理健康知识需求和关注重点,按照需求上逐步推进,由浅至深,从大众关注的要点到针对性的内容,确定逐步推进的服务主题。按照初步确定的主题,链接医院资源,邀请专业的心理咨询师,为青年开展心理健康科普活动。同时,为青年提供初步的心理咨询服务,增加服务吸引力,提升青年心理健康知识的掌握和帮助青年正确看待心理健康问题。另根据需求主题,编撰相关的心理健康书籍及内容丰富的心理健康科普折页等,逐步将专业的心理健康知识,以系统化、多方式的形式,融入青年的日常生活当中,从而满足青年对心理健康知识的求知欲望;帮助青年正确地评估自身心理状况,并给予青年寻求帮助的思路,即根据其自身的需求进一步寻求社工服务。

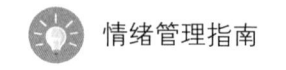

2. 链接资源，个案治疗

社工在青年心理健康个案服务中，对于主动求助及通过其他渠道求助的青年，按照需求评估的结果，为其提供个案服务。在提供服务前，社工首先需要完成资源整合的工作，包含链接专业的医疗资源，如专业的医院心理科医生、社区医院、心理咨询服务中心等，确保能够为服务对象提供准确的评估及服务。运用心理科医生及社区医院为心理服务的开展提供专业的支持。在心理咨询服务中，社工首先按照心理评估报告中的干预等级将服务人群分类。针对轻微型的情绪问题，社工可以通过安慰、陪伴和沟通的方式来帮助舒缓青年的负面情绪；对于中重度的心理疾病青年，社工帮助联系专业的心理科医生和社区医院为其作心理咨询辅导，在医生诊断建议的基础上，以及确定有需求的情况下，可以将青年转介到更专业的医院进行治疗[1]。

具体的步骤如下：首先，为青年提供基础的心理评估，判断服务对象的状况，分析服务对象的问题，与服务对象确定服务目标和实施干预的建议；其次，与服务对象制定服务计划，并签订服务协议；再次，为服务对象开展服务，从青年愿意做和社工能做的开始，采取综合的服务策略，运用青年的支持系统，为青年的心理健康改善创造有利的条件；最后，评估服务的情况，与服务对象共同讨论恢复状况，是结案或是转介，社工需持续评估和跟踪服务工作的成效。

---

[1] 邵任薇,冯梓菲.情感治理视角下的社区心理服务路径分析:以广州GT街社区心理健康服务工作站为例[J].上海城市管理,2022,31(4):32-40.

3. 小组支持，协助恢复

同辈群体的理解和支持能够给予青年应对心理健康问题的信心和勇气。社工根据心理评估报告的结果，以及咨询服务对象的想法和意见，为服务对象提供不同类型的小组服务，包含教育小组、成长小组、支持小组以及治疗小组。对于症状较轻的有心理健康知识需求的服务对象，组织教育小组，帮助服务对象认识自我的问题和自我解决问题的需求，促进小组成员确立新观念，改变看问题的角度。对于症状较轻的青年，组织成长小组，帮助青年了解、认识和探索自己，发挥自身的潜能，促进服务对象聚焦于个人的成长和正向的改变，从而改善青年的心理健康问题。根据症状的不同程度，以及需求的类别，为青年组织支持小组，建构良好的关系，促进青年互相交流和支持；通过青年彼此之间提供的信息、建议和鼓励支持，指导和协助他们讨论生命中的重要事件和不良感受，建立能够互相理解的共同体命运，发挥组员的自主性；鼓励青年分享经验，解决心理健康及相关的个人困惑问题。为中重症的青年提供治疗小组服务。开展治疗小组服务需要社工链接专业的心理治疗师共同参与，通过整体的小组过程和服务内容，帮助青年了解自身的问题以及背后的社会因素，并辅以资源和支持系统，重塑青年的人格，开发潜能，恢复正常的社会生活。

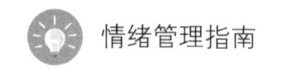

作者介绍

▶ 黄碧华

上海师范大学社会工作硕士；

中级社会工作师；

上海市浦东新区精神卫生中心（同济大学附属精神卫生中心）社工部；

擅长开展精神障碍患者及家庭个案、小组及社区服务，参与多项公益项目运作，开展志愿服务管理、社会工作实习生带教等；

在《中国医学伦理学》等期刊发表论文多篇，主要研究方向为临床精神健康社会工作服务。

从神学到医学：精神疾病治疗与康复的悲欣之路

精神科患者出院了，很多患者和家属会被医生、护士反复叮嘱："回家后，一定要坚持服药，有条件就去参加康复。"为什么一定要坚持服药，要去参与康复呢？看似普通的一句话，却是精神病学100多年发展的结果。

一、精神疾病治疗从神学到医学

1. 希波克拉底时代

首先，尝试解释精神疾病的是古希腊医学家希波克拉底（公元前460—公元前377）的体液病理学说。他认为人体存在血液、黏液、黄胆汁和黑胆汁四种基本体液，如果其中某一种过多或者过少，或它们之间的相互关系失衡，人就生病了；而体液受自然环境及人的生活方式影响，如土壤、气候、风向、水源、水质、饮食习惯等等因素。鉴于这种对精神疾病认识，当时希波克拉底时期治疗精神疾病的主要手段是改变精神障碍患者居住的环境、饮食等。

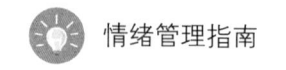

2. 神学时代

虽然希波克拉底提出体液学说造成了很大的影响，但中世纪的西欧社会中宗教的影响根深蒂固，医学为神学和宗教所掌握。精神病人被视为神鬼附体，为拯救其灵魂，除了祷告、符咒、驱鬼等手段之外，惩罚也作为主要的治疗方式，试图通过惩罚精神病人肉体来惩罚附体的神鬼。惩罚的手段很残忍，如火烧、针刺、水淹，当时甚至有些精神病人被烧死、活埋。这是精神病学史上最黑暗的时代。

3. 药物治疗时代

17世纪工业革命以后，随着自然科学、基础医学、神经生理学、神经免疫学、精神科药理的发展，精神疾病发生原因的研究达到分子层面。科学家发现人脑内乙酰胆碱、去甲肾上腺素、多巴胺、5-羟色胺等神经递质异常可导致相应神经功能运动的异常。最关键的是，人体中这些分子性物质是可以用药物来调控的。1952年，2位科学家发现氯丙嗪治疗妄想、幻听等有效。从此以后，精神疾病治疗就进入了药物控制病情的时代。药物治疗在此基础上不断发展，也成为现代精神障碍性疾病治疗的主要方法。治疗药物的种类也不断增多。目前，治疗药物种类包括情绪稳定剂、抗精神病药、抗抑郁药、抗焦虑药等。

一般来说，合理用药可以帮助精神障碍患者全部或部分恢复至病前健康状态。在实际工作中，患者常问的典型问题是：什么是合理用药？还要吃多久才能停药？

合理用药即根据处方用药，避免药物剂量使用不足或过多的问题。要使得药物发挥改善控制症状的作用，必须使用足够的药物。

若剂量太低，或者患者漏服，没有足量的药物保持脑部化学物质平衡，就不会改善症状。若改善了症状但患者自行减少剂量，症状可能再次发生或者恶化。除了药物使用不足外，有很多患者想让疾病早点好，不遵医嘱大剂量使用药物。但剂量太高，会引致较多的药物不良反应。

至于持续服药多久才能停药，是非要重要的问题，决定停药是非常慎重的一步。对于许多有精神疾病问题的人，停药将导致症状复发；另外，不同人对药物的反应不同，每个人需要吃药的时间也不一样。所以，同医生和精神卫生服务人员一起讨论决定使用药物的情况是非常必要的。

然而，在社区观察中却发现，很多精神障碍患者因停药导致症状复发住院，其中药物不良反应和自我污名化是重要因素。药物不良反应主要是指不希望产生的药物效果，治疗精神疾病的药物，与治疗其他疾病的药物一样，可引起不良反应。药物按不同方式影响人。药物对于有些人可能只有一些不良反应，而对另一些人则可能产生较多不良反应。若发生药物不良反应，需尽快告诉医生。一般来说，医生会根据实际情况建议患者尝试减少药物、新增一种抑制不良反应的药物、改服另外一种药物、找到对抗不良反应的方法等。药物的调整需要遵医嘱，对抗不良反应的方法需要跟医生一起探讨。常见对抗药物不良反应策略有：口干可以嚼无糖口香糖、吮吸无糖硬糖、频繁啜水；嗜睡可以日间小睡、做适度户外运动、询问医师在夜间用药的情况；胃口增大和体重增加可以吃健康食物，如水果、蔬菜和谷类食物，减少食盐摄入、减少食用甜点和快餐，并经常锻炼；便秘可以吃高纤维食物、做运动量小的锻炼等。

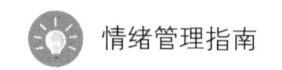

因为社会上还存在对精神障碍患者的歧视情况，所以许多精神障碍患者的自尊心会受损，并且对自己患有精神疾病感到羞耻，即自我污名化。有研究表明，受精神疾病困扰的患者常常感到羞耻、自责和恐惧。很多精神障碍患者每次服药的时候，会觉得这个药物是在提醒自己有精神疾病，每次服药都带着羞耻、自责和恐惧的感觉。

对抗自我污名的一种途径是增加对精神疾病的了解。例如，了解精神分裂症的发生不是个人的问题，应停止自责或责备他人。更多地了解精神疾病知识和重新认识自我，患者会认识到精神疾病问题绝对不是简单的个人问题，它的产生和他人如何看待它，都涉及社会层面的问题。不应将精神疾病问题仅仅解释为一种个人不幸或悲剧，更要从社会的角度来重新理解自己的处境，认识到受精神疾病困扰的人在社会上的地位和受到的歧视是不合理的，而且这些并非不可改变的。

4. 展望的基因时代

当然，除了药物治疗，还有心理治疗、物理治疗等。最令人期待的，或许是未来的基因治疗。研究发现，多个基因位点跟精神疾病有关。相信随着医学的发展精神疾病彻底治愈这一天不会太久。

二、精神疾病康复从医院到社区

1. 住院时代

在发现氯丙嗪等药物之前，由于缺乏对精神疾病的有效治疗，精神疾病的服务主要以监管为主。在抗精神病药物发现之后，由于受到社会大众及患者亲属对精神疾病认识不到位等因素影响，导致在很长一段时间，虽然患者的病情通过药物控制变得稳定，却依然无法回归社会。

2．里程碑

19世纪60年代，英国社会学家John Wing做过一个临床试验。他将严重精神疾病患者分成小组，在工作人员看管下，生活在社区，每个患者承担一定的家庭社会责任。半年后精神病患者衰退症状有了明显减轻。这就为精神病患者在社区接受治疗、康复和社会就业提供了里程碑性的证据。

3．回不去的社区

在精神卫生中心门诊中，有一类精神患者，主动要求住院，这非常令人奇怪。患者不是一直想着要出院吗？怎么又主动要求住院呢？患者本人说出了原因："出院后，家人需要上班，我又没朋友，又没人关心，也不知道该怎么活下去……只能回到医院。"

4．康复促进回归

回归不了，怎么办？关键在于引导，帮助出院患者度过过渡期。非常值得推荐的是，上海地区由政府出资，适合的患者可以免费参加阳光心园。阳光心园提供生活技能、社交技能、职业技能、心理支持等多种康复，引导康复者一步步走上社会。另外，精神卫生中心还定期派精神科医生去业务指导。阳光心园康复效果也很不错，2018年，杨浦区区级阳光心园一家就有4名康复学员成功就业。

5．歧视严重影响康复、回归

在精神卫生机构里，经常可以看到这样的场景：有的老年患者的子女拿着患者收入，不来看他，也不接他出院；学校担心学生在学校出事，想劝退学生；医生说患者病情已经稳定，家属却就是不接他们出院。连我们康复后成功就业的学员，也不愿意回来给其他学员做康复体会分享，害怕别人知道他曾经的病情，导致丢了工作。

所以，除了坚持服药、参与康复外，更希望我们社会能对他们多些接纳，少些歧视。

作者介绍

▶ **周进**

杨浦区精神卫生中心、杨浦区疾控精神卫生分中心宣教科科长、主管医师；

卫健委临床心理治疗师；

国家二级心理咨询师；

精神健康急救导师（MHFA）；

上海市人防危机干预小队成员。

附录：心理晴雨表

一、广泛性焦虑障碍量表

根据过去两周的状况，请您回答是否存在下列描述的状况及频率，请看清楚问题后在符合您的选项前的数字上面画√。

条目	完全不会	好几天	超过一周	几乎每天
1. 感觉紧张，焦虑或急切	0	1	2	3
2. 不能够停止或控制担忧	0	1	2	3
3. 对各种各样的事情担忧过多	0	1	2	3
4. 很难放松下来	0	1	2	3
5. 由于不安而无法静坐	0	1	2	3
6. 变得容易烦恼或急躁	0	1	2	3
7. 感到似乎将有可怕的事情发生而害怕	0	1	2	3
小计				
总计				

评分规则：每个条目 0~3 分，总分就是将 7 个条目的分值相加，总分值范围为 0~21 分。0~4 分，没有焦虑情况；5~9 分，存在轻度焦虑；10~14 分，存在中度焦虑；15~21 分，存在重度焦虑。

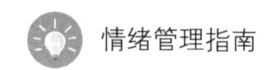

二、抑郁症状筛查量表

在过去的两周里，请您回答是否存在下列描述的状况及频率，请看清楚问题后在符合您的选项前的数字上面画√。

项　目	没有	有几天	一半以上时间	几乎天天
1. 做事时提不起劲或没有兴趣	0	1	2	3
2. 感到心情低落，沮丧或绝望	0	1	2	3
3. 入睡困难、睡不安或睡得过多	0	1	2	3
4. 感觉疲倦或没有活力	0	1	2	3
5. 食欲不振或吃太多	0	1	2	3
6. 觉得自己很糟或觉得自己很失败，或让自己、家人失望	0	1	2	3
7. 对事物专注有困难，例如看报纸或看电视时	0	1	2	3
8. 行动或说话速度缓慢到别人已经察觉？或刚好相反——变得比平日更烦躁或坐立不安，动来动去	0	1	2	3
9. 有不如死掉或用某种方式伤害自己的念头	0	1	2	3
小计				
总计				

评分规则：每个条目0~3分，总分就是将9个条目的分值相加，总分值范围0~27分。0~4分，没有抑郁情况；5~9分，可能有轻微抑郁症，建议咨询心理医生或心理医学工作者；10~14分，可能有中度抑郁症，最好咨询心理医生或心理医学工作者；15~19分，可能有

中重度抑郁症，建议咨询心理医生或精神科医生；20~27 分，可能有重度抑郁症，一定要看心理医生或精神科医生。

三、失眠评定量表

请根据您在睡眠中体验到的困难，圈出下面符合您情况的选项，评估上个月的情况。

项目	0	1	2	3
1. 入睡延迟（关灯后到入睡的时间）	没有问题（小于10分钟）	轻微（10~30分钟）	明显（30~60分钟）	显著或基本没睡（大于1小时）
2. 夜间睡眠中断（每晚醒来次数）	没有问题（少于1次）	轻微（少于2）	明显（少于4次）	显著或基本没睡（多于4次）
3. 早醒	没有问题	轻微	明显	显著或基本没睡
4. 睡眠时间	没有问题	轻微不足	明显不足	显著或基本没睡
5. 对总体睡眠质量评价（不论睡眠时间长短）	没有问题	轻微不足	明显不足	显著或基本没睡
6. 对白天情绪的影响	没有问题	轻微影响	明显影响	显著影响
7. 对白天功能的影响（身体与心理）	没有问题	轻微影响	明显影响	显著影响
8. 白天困意情况	没有问题	轻微	明显	强烈
小计				
总计				

评分规则：量表共 8 个条目，每条从无到严重分为 0~3 四级评分，总得分在 0~24 分之间。4 分以下，无睡眠障碍；4~6 分，可疑失眠，6 分以上，存在失眠。

四、强迫症状严重程度标准量表

请您回答是否存在下列描述的状况及频率，请看清楚问题后在符合您的选项前的数字上面画√。

条目	选项	得分
一、主诉的强迫思维		
1. 您每天花多少时间在强迫思维上？每天强迫思维出现的频率有多高？	0=完全无强迫思维（回答此项，则第 2、3、4、5 题也会选 0，请直接作答第六题）	
	1=轻微（少于 1 小时），或偶尔有（一天不超过 8 次）	
	2=中度（1~3 小时），或常常有（一天超过 8 次，但一天大部分时间没有强迫思维）	
	3=重度（多于 3 小时但不超过 8 小时），或频率非常高（一天超过 8 次，且一天大部分时间有强迫思维）	
	4=极重（多于 8 小时），或几乎每时每刻都有（次数多到无法计算，且 1 小时内很少没有多种强迫思维）	

续表

条目	选项	得分
一、主诉的强迫思维		
2. 您的强迫思维对社交、学业成就或工作能力有多大妨碍？假如目前没有工作，则强迫思维对每天日常活动的妨碍有多大？回答此题时，请想是否有任何事情因为强迫思维而不去做或较少做	0=不受妨碍 1=轻微。稍微妨碍社交或工作活动，但整体表现并无大碍 2=中度。确实妨碍社交或工作活动，但仍可应付 3=重度。导致社交或工作表现的障碍 4=极度。无能力应付社交或工作	
3. 您的强迫思维给您带来多大的苦恼或困扰？	0=没有 1=轻微。不会太烦人 2=中度。觉得很烦，但尚可应付 3=重度。非常烦人 4=极重。几乎一直持续且令人丧志地苦恼	
4. 您有多努力对抗强迫思维？你是否尝试转移注意力或不去想它呢？重点不在于是否成功转移，而在于你努力对抗或尝试频率有多高	0=一直不断地努力与之对抗(或症状很轻微，不需要积极地对抗) 1=大部分时间都试图与之对抗(超过一半的时间我都试图与之对抗) 2=用些许努力去对抗 3=屈服于所有的强迫思维，未试图控制，但仍有些不甘心 4=完全愿意屈服于强迫思维	

续表

条目	选项	得分
一、主诉的强迫思维		
5. 您控制强迫思维的能力有多少？您停止或转移强迫思维的效果如何？不包括通过强迫行为来停止强迫思维	0=完全控制。我可以完全控制 1=大多能控制。只要花些力气与注意力，即能停止或转移强迫思维 2=中等程度控制。有时能停止或转移强迫思维 3=控制力弱。很少能成功地停止或消除强迫思维，只能转移 4=无法控制。完全不能自主，连转移一下强迫思维的能力都没有	
二、主诉的强迫行为		
6. 您每天花多少时间在强迫行为上？每天做出强迫行为的频率有多高？	0=完全无强迫行为（回答此项，则第7、8、9、10题也会选0） 1=轻微（少于1小时），或偶尔有（一天不超过8次） 2=中度（1~3小时），或常常有（一天超过8次，但一天大部分时间没有强迫行为） 3=重度（多于3小时但不超过8小时），或频率非常高（一天超过8次，且一天大部分时间有强迫行为） 4=极重（多于8小时），或几乎无时无刻都有（次数多到无法计算，且1小时内很少没有多种强迫思维）	

条目	选项	得分
二、主诉的强迫行为		
7. 您的强迫行为对社交、学业成就或工作能力有多大妨碍？假如目前没有工作，则强迫行为对每天日常活动的妨碍有多大？	0=不受妨碍	
	1=轻微。稍微妨碍社交或工作活动，但整体表现并无大碍	
	2=中度。确实妨碍社交或工作活动，但仍可应付	
	3=重度。导致社交或工作表现的障碍	
	4=极度。无能力应付社交或工作	
8. 假如被制止从事强迫行为时，您有什么感觉？您会多焦虑？	0=没有焦虑	
	1=轻微。假如强迫行为被阻止，只是稍微焦虑	
	2=中度。假如强迫行为被阻止，会有中等程度的焦虑，但是仍可以应付	
	3=严重。假如强迫行为被阻止，会明显且困扰地增加焦虑	
	4=极度。假如有任何需要改变强迫行为的处置时，会导致极度地焦虑	
9. 您有多努力去对抗强迫行为？或尝试停止强迫行为的频率？仅评估你有多努力对抗强迫行为或尝试频率有多高，而不在于评估您停止强迫行为的效果有多好	0=一直不断地努力与之对抗（或症状很轻微，不需要积极地对抗）	
	1=大部分时间都试图与之对抗（超过一半的时间我都试图与之对抗）	
	2=用些许努力去对抗	
	3=屈服于所有的强迫行为，未试图控制，但仍有些不甘心	
	4=完全愿意屈服于强迫行为	

续表

条目	选项	得分
二、主诉的强迫行为		
10. 您控制强迫行为的能力如何？您停止强迫（仪式）行为的效果如何？假如你很少去对抗，那就回想那些少数对抗的情境，以便回答此题。	0=完全控制。我可以完全控制 1=大多能控制。只要花些力气与注意力，即能停止强迫行为 2=中等程度控制。有时控制强迫行为，有些困难 3=控制力弱。只能忍耐耽搁一下时间，但最终还是必须完成强迫行为 4=完全无法控制。连耽搁一下的能力都没有	
总计		

评分规则：每个条目 0~4 分，总分就是将 10 个条目的分值相加，总分值范围 0~40 分。

6 分以下，无强迫症状。6~15 分（单纯的强迫思维或强迫行为，6~9 分），处于轻度强迫状态，其症状已经对患者的生活、学习或职业开始造成一定的影响，患者的症状会随着环境和情绪的变化不断波动，如果不能尽早解决，很容易朝着严重的程度发展、泛化。此时是治疗效果最理想的时期，建议尽早治疗。

16~25 分（单纯的强迫思维或强迫行为，10~14 分），处于中等强迫症状，表示症状的频率或严重程度已经对生活、学习或职业造成明显的障碍，导致患者可能无法有效执行其原有的角色功能。甚至在没有出现有效的改善前，可能导致抑郁症状，甚至出现自杀念头，必须接受心理治疗或者药物治疗。

25 分以上（单纯的强迫思维或强迫行为，15 分以上），处于严重强迫症状，完全无法执行原有的角色功能，甚至连衣食住行等生活功能都无法进行。通常患者已经无法出门，将自己禁锢家中，每时每刻都有强迫思考，每时每刻都在执行强迫行为。重度严重的患者极易出现抑郁症状，通常需要强制治疗。